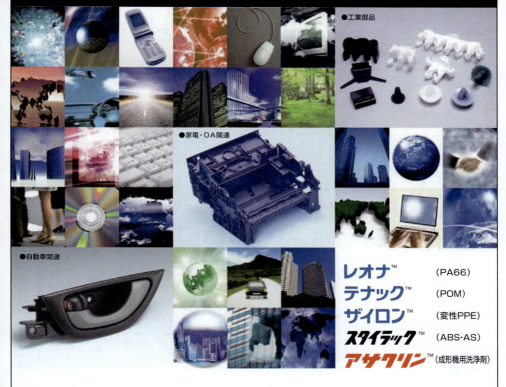

プラスチック製医療機器入門

—材料・種類・用途から滅菌・薬機法まで—

編集　一般社団法人 日本医療機器テクノロジー協会

発刊に当たって

近年、医療の現場においてプラスチック製医療機器は多種多様なものが使用されておりますが、感染防御（安全性確保）や有効性（効率化）などの面で患者や医療従事者に対して、多くの恩恵を与え、医療に大きく貢献してきたことは周知の事実です。また、各種のプラスチック素材は加工が容易なことから、多くの医療機器に採用され、新医療機器の開発に寄与してきました。プラスチック製医療機器は、日本市場への本格的な登場以来、50数年における新製品の開発及び医療機関における普及ぶりはめざましいものがあります。

この間、プラスチック製のディスポーザブル医療機器を製造販売（製造及び輸入）する企業の団体として（一社）日本医療機器テクノロジー協会（ＭＴＪＡＰＡＮ）は、旧日本医療器材協会（医材協）時代からプラスチック製医療機器の普及、啓蒙に努めてきました。

こうした普及、啓蒙事業の一環として、平成６年に「やさしいプラスチック製医療器材」を出版したところ、この種の書籍が他に存在しなかったこともあり、各方面からご好評をいただきました。その後、版を重ねておりますが、第４版においては記載内容も大幅に整理し、写真・図の刷新など内容を大幅に改訂したことから、書籍名も「プラスチック製医療機器入門」と変更いたしました。

今回、第10版については、前版から２年が経過したことから、新たな修正を加え、改訂版として刊行いたしました。

対象読者は主として、①看護師、臨床工学技士などの医療従事者、②医療機器関連企業（含む販売業者）の技術系・営業系の新入社員、③製薬関連企業のMR、④滅菌や部材供給などの医療機器製造関連業者の方々を想定しておりますが、その他、この分野にご関心のある読者の方々にもご理解いただけるよう、可能な限り、平易な解説となるよう改訂いたしましたので、ご愛読いただきますようお願い申し上げます。

2018年２月吉日

プラスチック製医療機器入門　編集委員会

プラスチック製医療機器入門

—材料・種類・用途から滅菌・薬事法まで—

目　　次

医療機器に使われる代表的なプラスチック

名　　称（別称）	略号	名　　称（別称）	略号
軟質塩化ビニル（塩ビ）	PVC	ポリカーボネート	PC
ポリプロピレン	PP	ポリアミド（ナイロン）	PA
ポリエチレン	PE	ポリイミド	PI
エチレン－プロピロン共重合体	E/P	ポリアミドイミド	PAI
エチレン－プロピレン－ジエン共重合体	EPDM	ポリエチレン　テレフタレート（ポリエステル）	PET
エチレン－酢酸ビニル共重合体	E/VAC	ポリブチレン　テレフタレート	PBT
エチレン－ビニルアルコール共重合体	E/VAL	ポリスルフォン	PSU
ポリ－４－メチルペンテン－１	PMP	ポリエーテルエーテルケトン	PEEK
ポリブテン－１	PB	ポリエーテルスルホン	PES
ポリブタジエン	PBd*	ポリアリルエーテルスルホン	PAES*
ポリアクリロニトリル	PAN	ポリフェニレンスルフィド	PPS
ポリスチレン	PS	熱可塑性エラストマー	TPE*
アクリロニトリル－スチレン共重合体	AS	ポリテトラフロロエチレン	PTFE
アクリロニトリル－ブタジエン－スチレン共重合体	ABS	エチレン－テトラフロエチレン共重合体	E/TFE
ポリメタクリル酸メチル（アクリル樹脂、ポリメチルメタクリレート）	PMMA	ポリふっ化ビニリデン（ポリビニリデンフロライド）	PVdF
ポリオキシメチル（ポリアセタール）	POM	熱硬化型ポリウレタン（２液混合型ポリウレタン）	PUR
天然ゴム	NR*	シリコーン（シリコーンゴム）	SI
ポリイソプレン（イソプレンゴム）	IR*	酢酸セルロース（セルロースアセテート）	CA
イソブチレン－イソプレン共重合体（ブチルゴム）	IIR*	ポリビニルピロリドン	PVP

注）略号は主にJIS K6899に、* は慣例に従った

1　はじめに

1.1　ディスポーザブル医療機器の始まり

人間にとって幸福の条件は、健康であることはいうまでもありません。現在、日本人の平均寿命は著しく伸びていますが、その主要因のひとつは、病気の治療法の進歩であると考えられます。この治療法の発達は抗生物質をはじめとする各種の優れた医薬品の出現と外科的手技の開発にともなう各種医療機器の応用によるものです。

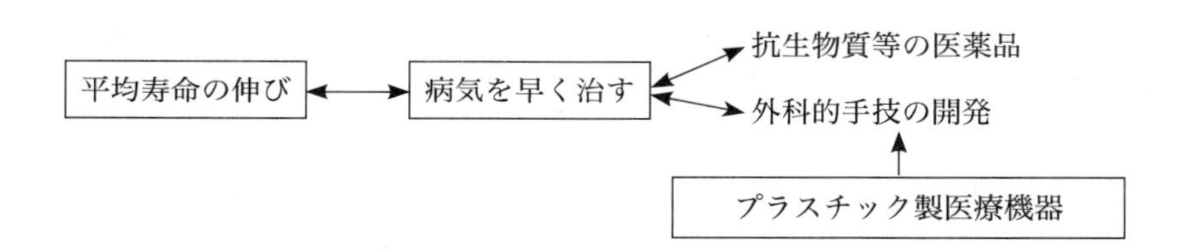

わが国の医療現場でディスポーザブル医療機器が使用され始めたのは、1960年頃で、その最初は「注射針」でした。「まくれ」のない注射針の出現は、「患者にとっても医師にとっても革命的な出来事(某大学病院中央手術部長の言)」でした。これに続き出現したのがプラスチック製注射筒です。1960年当時は、青色ガラス製注射筒が主流でしたが、これに替わるプラスチック(ポリプロピレン)製注射筒の発売当初は、押子(プランジャー)の先端のすべり具合が悪く、扱いなれないことも加わって、評判は悪かったのです。その後注射筒メーカーは、多くの改良を加え、この苦情の解決をはかり、プラスチック製注射筒を普及させていきました。

一方、塩ビ(ポリ塩化ビニル)樹脂をチューブやバッグに使用し、その部品に数種類のプラスチック材料を使用したディスポーザブル製品である「採血セット」が市場に出現します。輸血用採血セット製造が国産化されたことで、多くの塩ビ製品が日本の医療機器市場に導入されていきます。

戦後のわが国の多くの産業は、朝鮮戦争を契機として立ち直りをみせたと言われますが、医療機器産業にも、大きな変化をもたらします。ディスポーザブル医療機器製品と医療との結びつきは、「血液」を介してのものでした。朝鮮戦争を契機として、わが国の血液事業が活発化し、数多くの血液銀行が設立・

活動を開始しました。医療サイドで使用される血液需要に対応した「採血」に使用するセットには、従来のゴム管に替わって、軟質塩ビ管（軟質ポリ塩化ビニル樹脂管）が、ディスポ化されて使用され始めました。この採血セットには、塩ビ樹脂をはじめ、ナイロン・スチロール・ポリエチレン等多くの熱可塑性樹脂が使用されていました。採血セットをきっかけとして、多くの（プラスチック製）ディスポーザブル医療機器が開発され市場に登場してきました。例えば、プラスチック材料は加工しやすいことから、カテーテルなど多種類の医療機器の開発も急速にすすんでいきました。

保険医療の制限や経済性（コスト）の問題はありましたが、1960年中頃のこの時期に、多くのディスポ医療機器が普及していった背景には、その製品の大半が、「滅菌済み」であること・生体に対して「安全」であること・治療・診断に役立つことがあげられます。

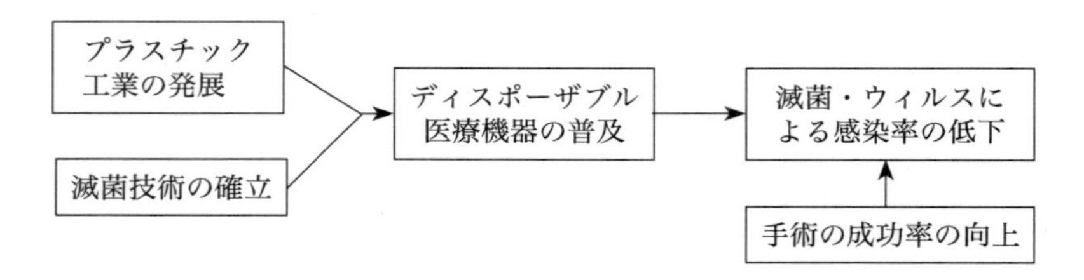

1.2　医療機器の国内生産、輸入、輸出金額

厚生労働省統計情報・白書／平成27年薬事工業生産動態統計年報によれば、わが国の平成27年における医療機器の生産金額は1兆9,456億円、輸入金額は1兆4,249億円であり、合計金額は3兆3,705億円です。これに対し、輸出金額は6,226億円です。

医療機器の最近５ヶ年の生産、輸入、輸出金額の推移は表1.1のとおりであり、平成27年の生産金額は前年と比較して439億円（2.2%）の減少、輸入で564億円（4.1%）の増加、輸出で502億円（8.8%）の増加となっています。

次に、平成27年における医療機器大分類別生産、輸入、輸出金額は表1.2のとおりです。生産金額の最も大きいものは処置用機器の5,208億円（26.8%）であり、次いで画像診断システムの2,920億円（15.0%）、生体機能補助・代行機器の2,714億円（14.0%）、生体現象計測・監視システムの2,054億円（10.6%）及び医用検体検査機器の1,807億円（9.3%）という順になっています。

表1.1　医療機器生産、輸入、輸出金額の推移

（単位：百万円）

年	生産金額	対前年比	輸入金額	対前年比	輸出金額	対前年比
平成 23 年	1,808,476	5.5	1,058,373	0.3	480,851	6.1
平成 24 年	1,895,239	4.8	1,188,388	12.3	490,057	1.9
平成 25 年	1,905,492	0.5	1,300,816	9.5	530,496	8.3
平成 26 年	1,989,497	4.4	1,368,535	5.2	572,333	7.9
平成 27 年	1,945,599	−2.2	1,424,871	4.1	622,584	8.8

表1.2　医療機器大分類別生産、輸入、輸出金額（平成27年）

（単位：百万円）

大　分　類	生産金額	構成割合	輸入金額	構成割合	輸出金額	構成割合
総　　　額	1,945,599	100.0	1,424,871	100.0	622,584	100.0
処置用機器	520,845	26.8	339,854	23.9	109,102	17.5
画像診断システム	291,958	15.0	122,920	8.6	147,764	23.7
生体機能補助・代行機器	271,417	14.0	356,132	25.0	59,224	9.5
生体現象計測・監視システム	205,351	10.6	83,682	5.9	70,946	11.4
医用検体検査機器	180,700	9.3	—	—	142,680	22.9

注）・大分類別は、平成 27 年度の生産金額大きいもの 5 分類を示した。
　　・各構成割合は、それぞれの構成比を示す。

これらの中で（一社）日本医療機器テクノロジー協会（以降、MTJAPAN と称する）会員企業の取扱い製品としては、処置用機器の内の注射針、穿刺針などの「注射器具及び穿刺器具（779億円）」、「チューブ及びカテーテル（2,605億円）」及び「採血・輸血用、輸液用器具及び医薬品注入器（1,184億円）」が含まれており、大半がMTJAPAN 会員企業の取扱い製品です。また、生体機能補助・代行機器では整形インプラント製品の「人工関節、人工骨及び関連用品（340億円）」、及び「透析器（682億円）」を含む「血液体外循環機器（1,542億円）」が含まれており、こちらも大半がMTJAPAN 製品です。

一方、平成27年の輸入及び輸出については、それぞれ総額で「輸入：1兆4,249億円」、「輸出：6,226億円」であり、輸入金額の最も大きいものは生体機能・代行機器の3,561億円、輸出金額で最も大きいものは画像診断システムの1,478億円です。

2　医療機器に使用されているプラスチック材料

2.1　医療用プラスチック

先に述べた様に、現在の医療を支えているものの一つにディスポーザブル医療機器の発達があり、それらの多くにはプラスチック材料が使われています。その理由は、成形加工がし易くいろいろな形状のものが作りやすいこと、硬さや強度など物性の選択幅が広いこと、適当な滅菌方法があること、等が挙げられます。同時に石油化学工業の発展と共に大量生産技術が進歩し、安価なプラスチック原料が入手可能になったこと、自動化生産等により安いコストで医療機器を製造することが可能になったこと、などであります。また最近ではプラスチック原料そのものや、フィルターや弁といった加工品の高機能化が進み、一段階進歩したディスポーザブル医療機器が開発されています。例えば、冠状動脈や脳血管などの血管内部が脂質成分などの蓄積で狭くなった（狭窄）部分にバルーン（風船）を膨らませて血管を拡張する治療用カテーテルでは、高強度の材料で肉薄（10ミクロン＝0.01㎜）バルーンを作ることで折り畳んだ形状を小さくすることができる様になり、カテーテルを挿入する患者への侵襲度の小さな医療機器の提供が可能となってきています。また、透析膜や血液フィルターなどでは、濾し分けたいものの大きさ（分子量）ではなく選択的に分離除去する技術によりβ2– MGや白血球、エンドトキシンを濾し取ることが可能となってきています。

2.2　プラスチックの一般的な性質

2.2.1　熱可塑性と熱硬化性

プラスチック材料は、熱がかかると柔らかくなり熔けて流動性が出ていろいろな形状付けができ、冷えると流動性が失われ元の物性に戻り希望の固体形状に成形できる性質（熱可塑性）のタイプと、熱がかかると硬くなる性質（熱硬化性）のタイプに大別されます。医療機器には前者の熱可塑性タイプがよく使われ、その代表的な材料はPVCやPP、PC、ABSなどです。

技術者向けスペシャルコース

プラスチックはモノマー（monomer）と呼ばれる低分子量の基本分子が連なった（繰返し）構造をした分子量が数千から数十万の大きな分子で、ポリマー（polymer）と呼ばれます。１種類のモノマーから成るポリマーを特にホモポリマー(homopolymer)と呼ぶことがあります。また2種以上の繰り返し単位からなるポリマーをコポリマー(copolymer)と言います。そのポリマー分子が多数集まってプラスチックになりますが、慣例的にそのプラスチックを、モノマーの構造式を〔　〕$_n$で挟んだ形で表現します。プラスチックの種類によってはポリマー分子が規則正しく並んで結晶を作ることがあり、「結晶性プラスチック」といいます。但し、プラスチックの結晶は低分子量の薬剤の様には結晶化が進まないため、結晶性プラスチックでも通常で20〜30%、最高でも40%程度の結晶化度しかありません。熱可塑性プラスチックは低い温度では「ガラス状」と呼ばれる硬く脆い性質ですが、これは鎖状の同じ分子内や隣の分子との間の配列(順番)が変わらない硬い状態です。温度を上げていくと「ガラス転移温度」を経て「ゴム状」と呼ばれる弾性をもつ性質になりますが、それは結晶部以外(非晶部)では隣の分子との間の配列(順番)は変わらないが分子内で動ける状態です。さらに温度を上げると結晶をもつプラスチックでは「融点」を経て流動性がぐっと上がり熔け始めます。これは融点以上の温度では隣の分子との間の配列も変わる液体状態となったからです。更に温度を上げると分子鎖が切れる分解温度となり、変色したり、分解ガスが発生したりしていずれ炭化します。一方、元々結晶を作らない性質の「非晶性プラスチック」も数多くありますが、非晶性プラスチックでも温度が上がると隣の分子との間の配列も変わる液体状態となります。このガラス転移温度や融点、分解温度は、プラスチックの種類によって固有の温度がだいたい決まっています。熱可塑性プラスチックを加工する場合は、流動性が高くなる融点以上分解温度以下の温度で加工し、ゴム状あるいはガラス状まで冷却することで希望の形状に成形することができます。この温度上下による状態変化は繰返す性質(可逆的)なので、そのプラスチックの室温での物性は元の性質を維持しています。

2.2.2　熱成形

熱可塑性の性質を利用した成形法を表2.1に示します。基本的に同じ断面形状をもつチューブ状のものを連続的に成形する押出成形、中空な金型に熔けたプラスチックを圧力をかけて流し込んで注射筒やコネクターの様な複雑な形状のものを製造する射出成形、PETボトルの様に肉厚が小さく比較的単純の形状のものを製造するブロー成形が代表的な成形方法です。さらにその押出成形の中にシート状のものを製造するTダイ成形、肉厚の小さい筒状のものを製造するインフレーション成形、さらにそれら複数の材料が層状になる多層押

表2.1　熱成形方法

成形法	形 状・特殊成形	例
押出成形	チューブ、棒、シート、筒	チューブ、カテーテル 輸液バッグ
	多層も可能	
射出成形	複雑な形状	コネクタ、注射筒 各種部品
	2材料も可能（２色成形）	
ブロー成形	簡単なボトル	輸液ボトル
	多層も可能	

出成形などがあります。射出成形でも２つの材料を同時に使い、注射筒の押し子(プランジャー)とガスケットを同時に一体化する２色射出成形があります。射出成形では、室温まで冷却する過程で結晶化し体積が僅かに減る(成形収縮)ので、金型を設計するときには少し大きめにする注意が必要です。これらの一次加工の後に、各部品をカット、組立、接着(融着)、印刷などの二次加工を行い、その後、包装、滅菌、箱詰めを行い、出荷します。各工程の中で検査を行い品質の確認、安定化を図っています。

2.2.3　代表的な物性値

医療機器用途のプラスチック原料には十分な安全性が必要なのは言うまでもありませんが、医療機器の内部の様子を観察することが多いので透明性や、医療機器としての十分な強度、間違えを防止する分かりやすい表示やマークが付けられる印刷性など、多岐な要望が挙がっています。代表的なプラスチックの物性を以下に示します。表面硬度を表2.2に示しましたが、表の上の方が硬く室温でガラス状のプラスチックが、下に行くにつれて柔らかくなりゴム状のプラスチックが並んでいます。透明性を表2.3に定性的に３段階で示しました。結晶性プラスチックは、結晶部と非晶部の屈折率が違うことが多いため半透明から不透明になることが多く、非晶性プラスチックは透明性の高いものが多いことが特徴的です。比重を表2.4に示しました。水蒸気透過性とガス(窒素と酸素)透過性を表2.5と2.6に示しました。水蒸気もガスもプラスチックの分子間を透過するので、ガス種とポリマーの分子構造という化学的性質で決まってきます。耐熱性を表2.7に示しましたが、耐熱性のレベルにより高圧蒸気滅菌可能かどうかで分類しました。

表2.2　プラスチック材料の表面硬度

材　料　名	硬　　度		備　　考
PC	ロックウエル	M70	↑
PMMA	ロックウエル	M68－106	
PS	ロックウエル	R50－80	
硬質 PVC	デュロメーター	D68－85	以上硬質材料
ABS	ロックウエル	R85－105	
PP	ロックウエル	R80－102	
PE	デュロメーター	D45－70	
熱可塑性ポリウレタン	デュロメーター	A48－ D60	以下軟質材料
PVC	デュロメーター	A50－90	
SI	ショア硬度	35～80	↓

表2.3　プラスチック材料の透明性

透　明　性	材　　料
透明材料	PMMA PC PS PVC
半透明材料	熱可塑性ポリウレタン PP PE 耐衝撃性 PS SI
不透明材料	ABS

表2.4　プラスチック材料の比重

材　　料	比　　重	
硬質 PVC	1.35	大きい
PMMA	1.17	↑
PC	1.2	
SI	1.1－1.2	
PVC	1.1－1.2	
ABS	1.1	
PS	1.05	
PE	0.93	↓
PP	0.91	小さい

表2.5　プラスチック材料の水蒸気透過性

透過性	材　　料	水蒸気透過率　g/㎡・24hr・atm（1㎜厚）
大きい	SI	—
↑	熱可塑性ポリウレタン	15—30
	PVC	2—12
	PC	4.3
	PS	2.7—3.9
	硬質 PVC	0.3—2
	ABS	—
	PMMA	0.5
↓	PE	0.1—0.6
小さい	PP	0.3

表2.6　プラスチック材料の気体透過性

気体透過性	材　　料	気体透過率　g/㎡・24hr・atm（1mil 厚）	
		窒素 N_2	酸素 O_2
透過性大	SI	50,000	98,000
↑	PVC	—	300—1,100
	PE	40—180	185—500
	PP	45	200
	PS	—	300
	ABS	5—10	50—70
↓	硬質 PVC	—	5—20
バリヤー性大	PVdF	0.12—0.15	0.8—0.9

表2.7　プラスチック材料の耐熱性

耐　熱　性	材　　料
熱変形温度高い 高圧蒸気滅菌可能	SI PC　PVC* PP ABS 熱可塑性ポリウレタン PMMA
熱変形温度低い 高圧蒸気滅菌不可	PS　PVC* PE E/VAC PBd

*PVC：場合による

2.3　各種プラスチックの性質

2.3.1　軟質塩化ビニル（PVC）

$$\left[-CH_2-\underset{\underset{Cl}{|}}{CH}- \right]_n$$

軟質塩化ビニルは一般工業用途にも非常に良く使われる汎用プラスチック樹脂の一つで、「塩化ビニル樹脂」や「塩ビ」、「塩ビコンパウンド」、「PVC」等と略され、医療機器にも非常によく使われています。PVCの特徴は、建築現場等で見られる灰色の排水管の様に硬いもの（硬質塩ビ）から水撒きホースの様な柔軟なもの（軟質塩ビ）まで、その物性を容易にコントロールすることができること、いろいろな形状のものを作りやすいこと、一般工業製品にも大量に使われているため安いことです。また、PVCはポリ塩化ビニルという硬いプラスチックに可塑剤と呼ばれる油を10～60％程度と、少量の熱安定剤を加え加熱しながらよく混合したものであることが、他のプラスチック材料との大きな違いです。この可塑剤はポリ塩化ビニルを柔らかくする働きがあり、その添加量により希望の柔軟性を得ることができます。この可塑剤は非常に便利ですが、混ざっているだけなので油を溶かしやすい薬品などと接触するとその薬品に少量づつ溶け出すことが解っていますので、その可塑剤は特に安全なものが選ばれています。一般工業用にも医療機器用にもDEHP（DOPとも略される）と略されるフタル酸ジ（2－エチルヘキシル）が多く使われ、最近はTOTMと略されるトリメリット酸トリス（2－エチルヘキシル）も増えてきています。TOTMはDEHPで懸念される精巣毒性が見られず、軟質塩化ビニルにしたときにも可塑剤の溶出が一桁程度小さいという特徴があります。

医療機器の部品としては、血液バッグ（血小板製剤用以外）や尿バッグなどのバッグ類（輸液バッグを除く）、輸液セットや輸血セット、透析回路などのチューブ類、ネラトンや吸引カテーテルなどの処置用のカテーテル類などに使われています。

技術者向けスペシャルコース

ポリ塩化ビニルは結晶性プラスチックで単独では硬質材料ですが、可塑剤を混合するとそのポリ塩化ビニルの規則正しく並んだ各分子の鎖の間に可塑剤が入り混み、その結晶性を低下させることで柔軟なPVCが得られます。従って、可塑剤の量を多くするとより柔軟なPVCを得ることができます。ポリ塩化ビニル100に対して、可塑剤を50（重量比）混合したものを可塑剤50部PVC

と言います。一般工業用途では鉛やカドミウムといった重金属の塩も熱安定剤に使ってきましたが、医療機器には安全性の高いカルシウム等の塩を必要最小量だけ使っています。そのため、熱のかかる成形では熱による材料劣化に注意が必要です。柔軟にするために可塑剤を多くするとPVCの強度は低下します。ポンプ用チューブ等柔軟でかつ強度も必要な用途もありますが、その場合にはポリ塩化ビニルをより高分子量タイプにする必要があります。

PVC材料は加工性が良いことは先に述べましたが、チューブ状には押出成形が、シート状にはTダイ成形が、袋状にはインフレーション成形が、コネクターなどの部品には射出成形ができます。更に、PVC同士を接着するには熱融着(熱シール)や高周波融着、塩ビを溶かすテトラヒドロフラン(THF)などによる溶剤接着など、普通考えられるすべての加工方法が可能です。

2.3.2 ポリプロピレン(PP)

$$\left[CH_2 - \underset{\displaystyle CH_3}{\underset{|}{CH}} \right]_n$$

PVCに次いで医療機器に多く使用されているプラスチックで、PE同様に水素と炭素からのみ構成されているので、耐薬品性や水蒸気バリアー性に優れています。PEよりやや硬く、透明なタイプと不透明なタイプがあります。熱成形は殆んどの種類が可能ですが、接着や印刷はやりにくい材料で、プラズマ処理などの事前表面処理が必要です。PEと違い高圧蒸気滅菌できる耐熱性があります。主な用途は注射筒の外筒と押し子で、その他にコネクター類や疎水性フィルター濾材、輸液バッグや包装材料に使われています。

技術者向けスペシャルコース

モノマーがプロピレンのみから成るホモポリマーは結晶性プラスチックであり、その結晶部と結晶化できなかった非晶部の屈折率が違うために全体として不透明になります。モノマーにプロピレンの他に少量のエチレンなどを混ぜて合成したランダムコポリマーは結晶性が低く透明性が上がりますが、強度や融点はホモポリマーに比べて下がります。またブロックコポリマーと呼ばれる耐衝撃性や強度が高く不透明なタイプもあります。比重はいずれのタイプも0.9前後でプラスチックの中で最も軽い特徴があり、ヒンジ特性に優れ繰り返し曲げられる部品としてはこの材料が適しています。また、チューブなどに適用できる柔軟化のためにはスチレン系TPEとの混合(ブレンド)がよく知られています。

2.3.3　ポリエチレン(PE)

$$-\!\left[CH_2-CH_2 \right]_n\!-$$

PE は石油化学工業の中でも代表的なもので一般工業製品でも良く知られたプラスチックです。スーパーマーケットやコンビニエンスストアのレジ袋でお馴染みの白く不透明な袋も、透明ないわゆるビニール袋もいずれも PE です。耐薬品性に優れる点、水蒸気バリアー性に優れる点などは PP と同じですが、医療機器用途では多くは使われていません。チューブ類や一部の輸液バッグに使われているだけです。耐熱性が高くないため、高圧蒸気滅菌は本来不向きです。

技術者向けスペシャルコース

PE も結晶性プラスチックで、ある程度硬い材料です。高圧下(600～1000気圧)で合成すると PE 分子の中に自然に分岐部分が増えるため、その規則性が低下して結晶性も低くなり、透明性の高い低密度ポリエチレン(low density polyethylene：LDPE と略す)になります。LDPE より低圧下(1～30気圧)で合成すると分岐部分が少なく結晶性の高い高密度ポリエチレン(high density polyethylene:HDPE と略す)になります。また、合成時にエチレンの他に数%のブテンやヘキセンをモノマーとして混ぜると結晶性の低い、柔らかい PE を得ることができます。同様に酢酸ビニルを5～30モル%程度混ぜて合成するとエチレン–酢酸ビニル共重合体(E/VAC)と呼ばれる軟質材料となりますが、耐熱性が PE より更に下がります。最近では、メタロセン系重合触媒を用いた新しい特徴をもった PE も出てきています。PE 分子は炭素と水素のみからできて極性がないため耐薬品性に優れていますが、同時に溶剤接着などの二次加工性や高周波シールができないことが欠点になっています。一般的なその他の熱成形は可能です。

2.3.4　ポリカーボネート(PC)

硬く、耐衝撃性や耐磨耗性、透明性、耐熱性に優れたプラスチックで、コンパクトディスク(CD)や光学レンズに使われています。医療機器分野でも透明性を活かした人工肺やダイアライザーのハウジング、三方活栓本体、各種コネクターなどに使われています。耐熱性が高く高圧蒸気滅菌も問題ありません。

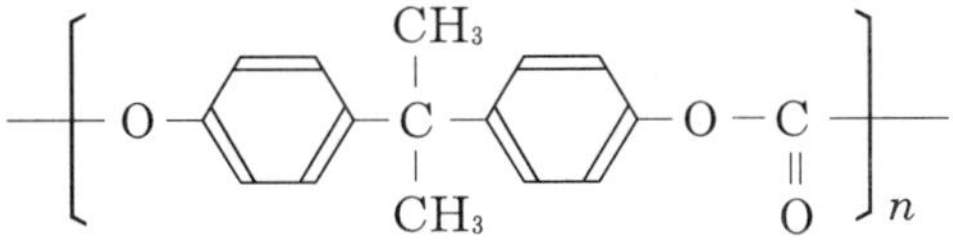

$$-\!\left[O-C_6H_4-C(CH_3)_2-C_6H_4-O-C(=O) \right]_n\!-$$

脂溶性の薬品など特殊な薬剤に触れ、応力が一定時間掛かるとひび割れが発生することが最近分かってきましたので、使用上の注意が必要です(第6章参照)。

技術者向けスペシャルコース

通常の熱成形が可能ですが、非晶性材料ですので熱成形時の温度が高めで、水分による加水分解が起こりやすく、成形時の水分管理が大切です。また成形時の歪を残すと時間と共に割れやすくなるので、熱後処理(アニーリング)が必要です。

2.3.5 アクリロニトリル－ブタジエン－スチレン共重合体(ABS)

アクリロニトリル–ブタジエン–スチレン共重合体は、通常ABS樹脂と略されています。淡黄色で不透明な、強く、硬い、光沢のあるプラスチックです。PPやPEに比べて耐薬品性は高くなく使用時の注意が必要です。医療機器ではコネクター類や不透明でも良いME機器の筐体などに使用されています。

技術者向けスペシャルコース

スチレン成分で成形性を、ブタジエン成分で耐衝撃性を、アクリロニトリル成分で耐熱性などの物性のバランスを取り、一般工業用途でも引張強度や曲げ強度、衝撃強度などの機械強度が高いことが特徴となっている有用な非晶性の熱可塑性プラスチックです。

$$-\left(CH_2-\underset{\displaystyle CN}{\underset{|}{CH}}\right)_l\left(CH_2-CH=CH-CH_2\right)_m\left(CH_2-\underset{\displaystyle C_6H_5}{\underset{|}{CH}}\right)_n-$$

2.3.6 ポリスチレン(PS)

$$-\left(CH_2-\underset{\displaystyle C_6H_5}{\underset{|}{CH}}\right)-$$

PCと同様に透明性の高い硬質プラスチックですが、耐衝撃性が悪く、耐有機溶剤性が高くないため特殊な薬剤を使う場合には十分な注意が必要です。シャーレやコネクター類に使われています。

技術者向けスペシャルコース

生産量の多い汎用プラスチックの一つで、非晶性です。上記特徴の他、成形性や印刷性に優れています。一般用のGPPS (general purpose polystyrene)

と略されるものと、ゴム成分が入り耐衝撃性を改良したHIPS(high impact polystyrene)がありますが、HIPSは不透明なため医療機器用途にはあまり使われていません。

2.3.7　ポリエチレンテレフタレート(PET)

ペット(PET)やポリエステルなどとも言われ、PETボトルでお馴染みのプラスチックです。透明性が高く、強度の高い、硬いプラスチックです。医療機器用途では、プラスチック製の真空採血管や定量輸液セットのシリンダー部分やコネクター類などに使われています。

技術者向けスペシャルコース

結晶性のプラスチックで、エステル結合が加水分解を受けやすいので、特に熱成形中の水分管理が重要です。

$$\left[CO - C_6H_4 - COO - CH_2 - CH_2 - O \right]_n$$

2.3.8　熱可塑性エラストマー(TPE)

エラストマーとはゴム弾性(elastic)を持つプラスチックと加硫ゴムを言いますが、その中で熱可塑性のプラスチックを熱可塑性エラストマー(thermoplastic elastomer：TPE)と言います。針孔を閉じる性質や長時間変形させておいても元に戻る性質などはまだ加硫ゴムには適わない性質ですが、成形加工性は良いので、その中で一部のゴムに代替されています。また、柔らかいプラスチックを得るときに混合してPVCの代替材料にすることがあります。医療機器への用途として、注射筒のガスケットや輸液用のチューブ、輸液バッグなどの栓、輸液バッグのシート、カテーテルなどがあります。ウレタン系TPEの範疇に入るセグメント化ポリウレタンは血液適合性が良いとされ、人工心臓の内表面や血管用カテーテルに使われています。

技術者向けスペシャルコース

原料および製造方法から、オレフィン系、スチレン系、ウレタン系、ブタジエン系、エステル系、アミド系など各種のTPEがあります。室温で結晶やガラス状態の部分からなるハードセグメントが固定部分に、非晶質やゴム状態の部分からなるソフトセグメントが伸びる部分になり、ゴムに似た性質を発現しています。PPの柔軟化剤としてスチレン系TPEが使われることは良く知られたことで、PVCに代わる輸液バッグ類やチューブ類に採用されています。

2.3.9 ポリブタジエン(PBd)

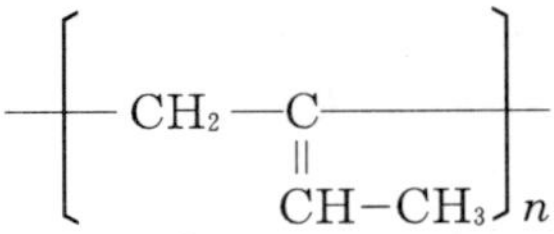

$$\left[CH_2 - \underset{\underset{CH-CH_3}{\|}}{C} \right]_n$$

前項の TPE の一種と考えても良い柔軟なプラスチックですが、輸液セット類のチューブに使われています。PVC のチューブではニトログリセリンなどの薬剤が吸着・収着しやすく、仕込んだ薬剤量が全量患者に投与されないという問題がありますが、この PBd 製の輸液セットではその点が改善されています。融点が低く、高圧蒸気滅菌はできません。

技術者向けスペシャルコース

PBd は合成ゴムの原料にもなっていますが、医療機器のチューブ等に使える TPE になるものは、重合時の触媒技術により特徴的な構造(シンジオタクチック–1,2–ポリブタジエン)となっています。

2.3.10 フッ素樹脂

$$\left[CF_2 - CF_2 \right]_n$$

PTFE

$$\left[CH_2 - CF_2 \right]_n$$

PVdF

テフロンという名称で親しまれていますが、フッ素樹脂は生体との作用が小さく、安全性が高いプラスチックです。カテーテル類に使われています。

技術者向けスペシャルコース

フッ素樹脂には PTFE、FEP、E/TFE、PFA、PVdF などと略される各種のものがあります。フッ素原子は電気的にマイナスの性質があるため、フッ素樹脂の表面も電気陰性度が高く、水や他のものを寄せ付けない性質があり、そのため、接着や印刷は非常に難しくなります。PTFE は最も フッ素原子を多く使った典型的なフッ素樹脂なので上記特性をよく示し、血液適合性が高いと言われていますが、熱成形する時に加工温度と PTFE の分解温度が非常に近いため、上手に成形加工することが難

脚注) シンジオタクチック:エチレンの一つの水素が置換基 A になったモノマーを重合してポリマーにすると、主鎖に対して置換基 A がいつも同じ側にあるものをアイソタクチック (isotactic)、規則正しく交互にあるものをシンジオタクチック (syndiotactic)、不規則なものをアタクチック (atactic) と言います。A がメチル基のものが PP、エチレン基のものが PBd、ベンゼン環基のものが PS です。

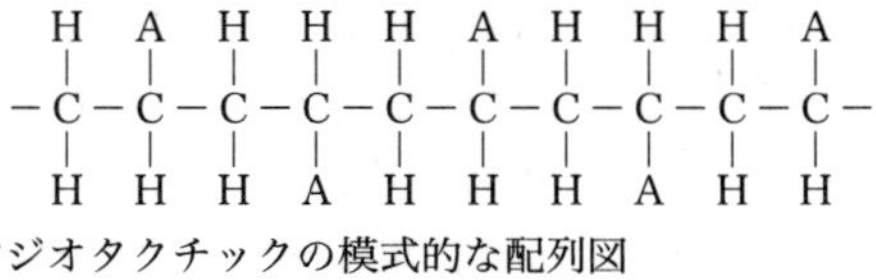

```
 H   A   H   H   H   A   H   H   H   A
 |   |   |   |   |   |   |   |   |   |
-C - C - C - C - C - C - C - C - C - C-
 |   |   |   |   |   |   |   |   |   |
 H   H   H   A   H   H   H   A   H   H
```

シンジオタクチックの模式的な配列図

しくなっています。その他のフッ素樹脂は、フッ素原子の特徴と成形加工性のバランスを取ったものになっています。

2.3.11　ゴ　ム

NRや合成ゴムは、加硫あるいは架橋という工程を経て弾性体としての性質が出てきますが、この工程は元に戻すことができないため熱可塑性ではありません。NRはゴムの木に由来するアレルギー源となる蛋白質が含まれるため、使用時に注意が必要です。NRを使用する医療機器にはその旨の表示があります。合成ゴムには同様な心配はありませんが、プリプリしたゴム弾性はNRの方が優れていると言われています。輸液バッグやバイアルなどのゴム栓、輸液セットのゴム管、一部の注射筒のガスケットなどに合成ゴムが、一部の膀胱留置カテーテルにNRが使われています。

技術者向けスペシャルコース

合成ゴムの多くはポリイソプレン（イソプレンゴム：IR）ですが、真空採血管のゴム栓などの様にガスバリアー性が必要な部分にはIIRが使われています。ゴムの加硫や架橋は多くの薬品を用いたノウハウの必要な部分ですので、安全性と品質を確保するためにゴム部品の製造業者との協力が必要です。

2.3.12　ポリウレタン（熱硬化性ポリウレタン：PUR）

ポリウレタンはウレタン結合をもつプラスチックの総称ですが、熱可塑性ポリウレタンは2.3.8の熱可塑性TPEの項で述べましたので、ここでは熱硬化性ポリウレタンについて説明します。硬く、黄色不透明なプラスチックで、２種の原料をよく混合して加熱することで固まり、その後に熱をかけても変形しない性質がありますので、ダイアライザーや人工肺の中空糸（ファイバー）の両端を固定するポッティング材として使用されています。熱硬化性材料一般に言えることですが、加工成形性が悪いためそれ以外への使用は非常に少ない様です。

技術者向けスペシャルコース

アルコール基とイソシアネート基をもつ反応性の高い原料を使っていますので、反応が完全に終了する様に注意しないと、その反応性の高さ故の生体への影響（毒性等）が心配されます。過去にダイアライザーのポッティング材でこの反応が十分進まなかったため問題になったことがあります。２官能基のジイソシアネートの他に３官能基のトリイソシアネート等も混ざり３次元化するため、熱可塑性ではありません。

2.3.13 シリコーン(SI)

$$\left[\begin{array}{c} CH_3 \\ | \\ -Si-O- \\ | \\ CH_3 \end{array}\right]_n$$

分子量が小さい方からオイル状、ゲル状、ゴム状、樹脂と形を変えた各種のシリコーンがありますが、医療機器には主にオイル状とゲル状、ゴム状のものが使われています。オイル状のものは注射筒の内面コート材として、ゲル状のものは注射針表面の潤滑コート材として、ゴム状のものは各種のゴム栓やゴム管、カテーテルとして使われています。1990年代にSIゲルを用いた豊胸術の術後不具合を巡って米国で訴訟が起きましたが、SIは一般に不活性で、依然として生体に対して安全性の高い材料です。

技術者向けスペシャルコース

SIとは、シロキサン結合(-Si-O-)を持つものの総称です。注射筒内面に使われているものは基本的なポリジメチルシロキサンで、分子量に相当する粘度で多くの種類が用意されています。ゴム状やゲル状のものは、パーオキサイドや空気中の水分を利用して、積極的に3次元化したものです。前記訴訟以後、全世界的に医療用シリコーン供給元が限られているのは悲しいことです。

以上ディスポーザブル医療機器に使用されている主なプラスチックについて概要を説明しました。医療機器に使われているプラスチックと工業用や家庭で使われているプラスチックと同じ種類のものもありますが、医療機器に使われているプラスチックは、安全性など品質に関わる部分について特別な試験をして使われています。医療機器に使われるプラスチックの量は日本全体の使用量の1%以下であり、要求事項の高さも考え合わせると特殊な用途(業界)と言えます。

表2.8　医療機器に使われる代表的なプラスチック

名　　称（別称）	略号	名　　称（別称）	略号
軟質塩化ビニル（塩ビ）	PVC	ポリカーボネート	PC
ポリプロピレン	PP	ポリアミド（ナイロン）	PA
ポリエチレン	PE	ポリイミド	PI
エチレン－プロピロン共重合体	E/P	ポリアミドイミド	PAI
エチレン－プロピレン－ジエン共重合体	EPDM	ポリエチレン　テレフタレート（ポリエステル）	PET
エチレン－酢酸ビニル共重合体	E/VAC	ポリブチレン　テレフタレート	PBT
エチレン－ビニルアルコール共重合体	E/VAL	ポリスルフォン	PSU
ポリ－４－メチルペンテン－１	PMP	ポリエーテルエーテルケトン	PEEK
ポリブテン－１	PB	ポリエーテルスルホン	PES
ポリブタジエン	PBd*	ポリアリルエーテルスルホン	PAES*
ポリアクリロニトリル	PAN	ポリフェニレンスルフィド	PPS
ポリスチレン	PS	熱可塑性エラストマー	TPE*
アクリロニトリル－スチレン共重合体	AS	ポリテトラフロロエチレン	PTFE
アクリロニトリル－ブタジエン－スチレン共重合体	ABS	エチレン－テトラフロエチレン共重合体	E/TFE
ポリメタクリル酸メチル（アクリル樹脂、ポリメチルメタクリレート）	PMMA	ポリふっ化ビニリデン（ポリビニリデンフロライド）	PVdF
ポリオキシメチル（ポリアセタール）	POM	熱硬化型ポリウレタン（２液混合型ポリウレタン）	PUR
天然ゴム	NR*	シリコーン（シリコーンゴム）	SI
ポリイソプレン（イソプレンゴム）	IR*	酢酸セルロース（セルロースアセテート）	CA
イソブチレン－イソプレン共重合体（ブチルゴム）	IIR*	ポリビニルピロリドン	PVP

注）略号は主にJIS K6899に、＊は慣例に従った

3　プラスチック製医療機器の種類と用途

3.1　注射、採血

3.1.1　注射筒

・用途

体内に薬液を注入、あるいは体内の血液等の採取を行うために使用される器具です。

・構成・材料

1. 外筒（4. 筒先から5. フランジ部を含む）、2. 押子（吸子）及び3. ガスケットから構成されます。

各部の材質は、1. 外筒→ PP　2. 押子→ PP　3. ガスケット→ TPE で、外筒の内面には滑剤として医療用シリコーンオイルが塗布されています。

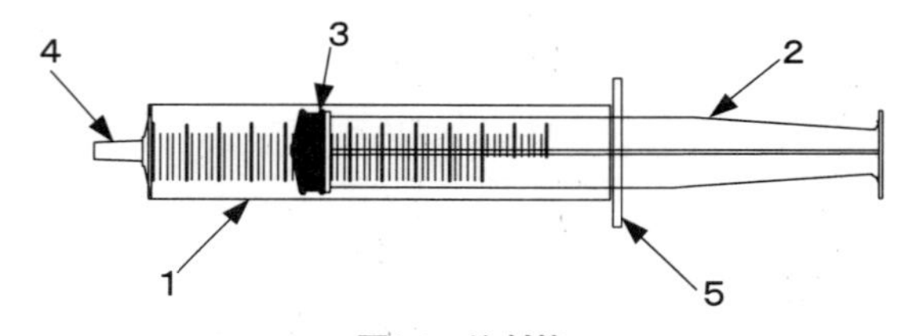

図3.1　注射筒

・主な滅菌方法

ガンマ線滅菌またはエチレンオキサイドガス滅菌が用いられています。

・備考

1．筒先（チップ）の形状として、図のようなISO ルアーテーパー型とネジロック式のISO ルアーロック型、及び日本独自規格のカテーテルテーパー型の３種があります。

2．注射筒には、日本工業規格（JIS）が制定されています。当該JIS の番号はT −3210です。

3．注射筒（プラスチック製滅菌済み）は、国内では1963年に発売され、以後広く普及してきました。まだ一部にはガラス注射筒も使用されていますが、シングルユース（単回使用）でいつでも安全に使えることから、普及してきています。

3.1.2　注射針

・用途

人体に穿刺して薬液の注入、又血液等の採取を行うために使用される器具です。

・構成・材料

1. 針基（ハブ）、2. 針管（カヌラ）及び3. 保護キャップ（プロテクタ）から構成されています。針管の先端は穿刺抵抗が低く極めて鋭利な形状であるランセット型（両刃メス型）に研磨されています。

各部の材質は、1. 針基（ハブ）→ PP　2. 針管（カヌラ）→ステンレス鋼　3. 保護キャップ（プロテクタ）→ PP で、針管外面には滑剤として医療用シリコーンが塗布されています。

尚、針基は針管のゲージ（外径）別に色分けされています。

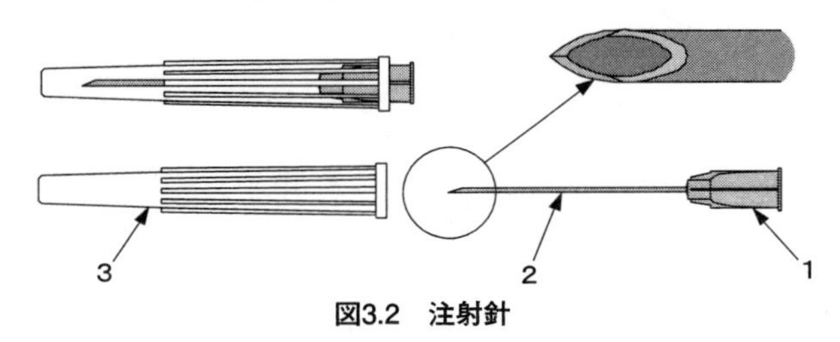

図3.2　注射針

・主な滅菌方法

ガンマ線滅菌またはエチレンオキサイドガス滅菌が用いられています。

・備考

1．注射針には、日本工業規格（JIS）が制定されています。当該 JIS の番号は T –3209です。

2．使用済み注射針による誤刺感染防止を目的とした針刺事故防止装置が付いているものが普及してきています。

3．従来、わが国では ISO（国際標準化機構）に規定されているカラーコード（ゲージ（外径）による色分け）は採用していませんでしたが、JIS T－3209の制定により ISO のカラーコードを採用することとなりました。

3.1.3　採血針

・用途

真空採血システムを用いた血液検体の採血に使用される採血専用の器具です。単独で使用されるのではなく、採血ホルダーに真空採血管と組合せでセットした状態で使用されます。

・構成・材料

前後に貫通する両端に刃先を持つ1. 針管（カヌラ）、2. 針基（ハブ）及び4. 保護キャップ（プロテクタ）から構成されています。連続採血用として針基後部に3. 止血ゴムカバー付のタイプもあります。

各部の材質は、1. 針管（カヌラ）→ステンレス鋼　2. 針基（ハブ）→ PP　3. 止血ゴムカバー→合成ゴム　4. 保護キャップ（プロテクタ）→ PP で、針管外面には滑剤として医療用シリコーンが塗布されています。

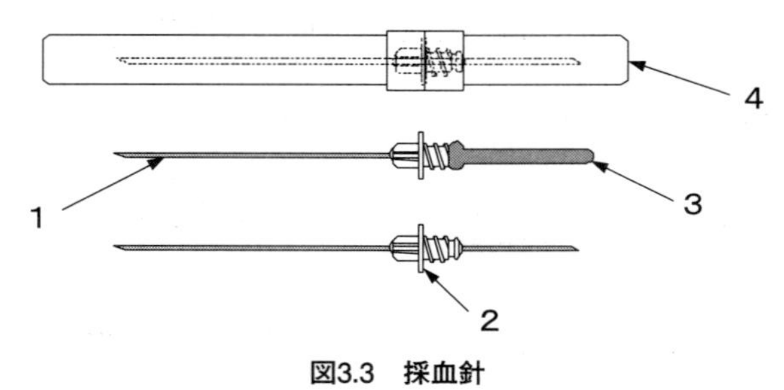

図3.3　採血針

・主な滅菌方法

ガンマ線滅菌またはエチレンオキサイドガス滅菌が用いられています。

・備考

1．採血ホルダーに採血針を装着して静脈へ穿刺し、真空採血管(6)を接続して採血します。

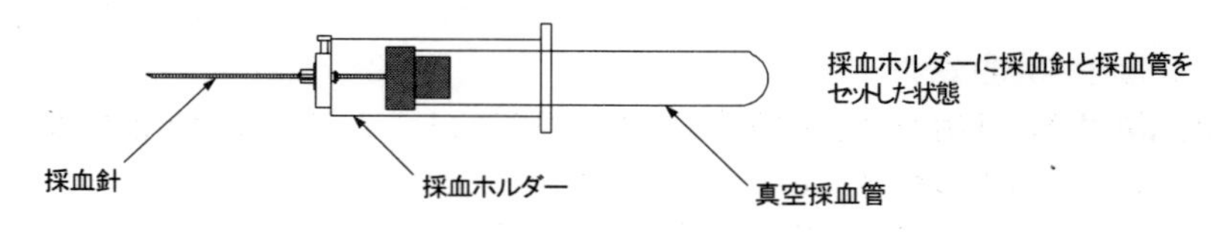

図3.4　採血針、採血ホルダー、真空採血管

2．採血針には、日本工業規格（JIS）が制定されています。当該 JIS の番号は T −3220です。

3．図の採血針は両頭針型（形）ですが、それ以外にも、翼付型（形）やルアーアダプタ型（形）などがあります。

4．JIS T −3220の制定により ISO のカラーコード（ゲージ（外径）による色分け）を採用することとなりました。

3.1.4　翼付針

・用途

通常、数時間以内の輸液を行うために使用される導管チューブ付の静脈用針です。静脈針を皮膚に固定するための翼付の針基を有しています。

・構成・材料

翼付針は、主として針管、翼付針基、導管及びめす（雌）かん（嵌）合部から構成されます。針基部に針刺し事故防止機構がついているもの、間欠投与用（コネクタにゴムキャップが付いているもの）などがあります。針管外面には、滑剤として医療用シリコーンが塗布されています。

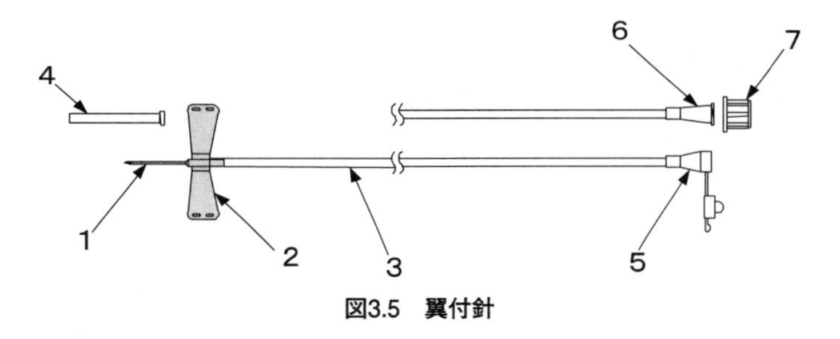

図3.5　翼付針

1．針　　　　管：ステンレス鋼
2．翼 付 針 基：PVC、PE
3．導管チューブ：PVC
4．保護キャップ（プロテクタ）：PP、PE
5．めす（雌）かん（嵌）合部（キャップ付）：PVC、PC、ABS
6．めす（雌）かん（嵌）合部：PVC、PC、ABS
7．キャップ：ABS

・主な滅菌方法

ガンマ線滅菌またはエチレンオキサイドガス滅菌が用いられています。

・備考

1．翼付針には、日本工業規格（JIS）が制定されています。当該JISの番号はT－3222です。
2．JIS T－3222の制定によりカラーコード（ゲージ（外径）による色分け）を採用することとなりました。

3.1.5　AVF（金属針）［A－V フィスチュラニードル］

・用途

血液浄化実施時、患者に穿刺する事により血液を体外へ導き出し、血液浄化器等を通った後の血液を再び体内へ戻すための器具です。通常、透析患者体内につくられた内シャント或いは人工血管に穿刺します。（針管サイズ 14～18ゲージ）

・構成・材料

主として1. 針管、2. 翼付針基、3. 導管チューブ、4. クランプ、5. 回路接続用コネクタ、6. 止血栓及び7. 針キャップから構成されます。

各部の材質は、1. 針管→ステンレス鋼　2. 翼付針基→PVC　3. 導管チューブ→PVC　4. クランプ→PE　5. 回路接続用コネクタ→PC　6. 止血栓→PP　7. 針キャップ→PP で、針管外面には滑剤として医療用シリコーンが塗布されています。

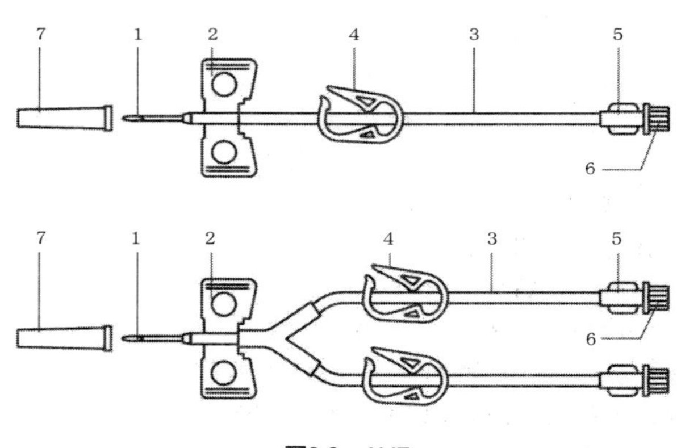

図3.6　AVF

・主な滅菌方法

ガンマ線滅菌またはエチレンオキサイドガス滅菌が用いられています。

・備考

1. AVF（金属針）には、日本工業規格（JIS）が制定されています。当該 JIS の番号は T－3249です。
2. JIS T－3249の制定により ISO のカラーコード（ゲージ（外径）による色分け）を採用することとなりました。

3．誤刺感染防止を目的とした針刺事故防止装置が付いているものもあります。

3.1.6　透析用留置針

・用途・構造

AVF(金属針)と同様ですが、内針管(金属針)と外套針(カニューレ)の二重構造で穿刺後内針管(金属針)を引き抜き外套針(カニューレ)を留置させます。この外套針(カニューレ)により体外循環を行います。使用時は、すでに内針管(金属針)を引き抜いているため血管壁に当たっても傷つきにくいという特徴があります。コスト的には多少割高となります。

・構成・材料

主として1. 外套針(カニューレ)、2. 外套ハブ、3. 内針管(金属針)、4. 内針ハブ及び5. 針キャップから構成されます。

各部の材質は、1. 外套針(カニューレ)→ PTFE、PP、熱可塑性ポリウレタン　2. 外套ハブ→ PP、PA　3. 内針管(金属針)→ステンレス鋼　4. 内針ハブ→ PP　5. 針キャップ→ PP で、外面(外套針及び内針管)には滑剤として医療用シリコーンが塗布されています。

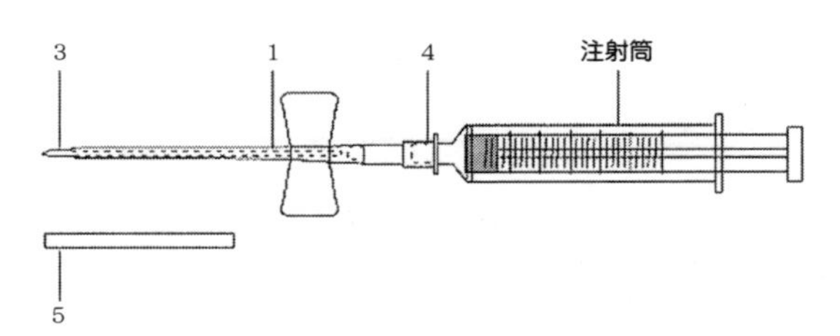

図3.7　透析用留置針

・主な滅菌方法

ガンマ線滅菌またはエチレンオキサイドガス滅菌が用いられています。

・備考

1．透析用留置針には、日本工業規格(JIS)が制定されています。当該JISの番号はT－3249です。

2．JIS T－3249の制定によりISOのカラーコード(ゲージ(外径)による色分け)を採用することとなりました。

3.1.7　留置針

・用途・構造

長時間の血管確保を行うための留置専用針です。

外套針（カニューレ）と内針管（金属針）の二重構造であり、血管へ穿刺後に内針管（金属針）を抜去して柔軟性のある外套針（カニューレ）だけを血管に留置させます。

・構成・材料

主として1. 外套管（カニューレ）、2. 外套ハブ、3. 内針管（金属針）、4. 内針ハブ、5. フィルター付キャップ及び6. 保護ケース（プロテクタ）から構成されます。

各部の材質は、1. 外套管（カニューレ）→ PTFE、E/TFE、PP、熱可塑性ポリウレタン　2. 外套ハブ→ PP　3. 内針管（金属針）→ステンレス鋼　4. 内針ハブ→ PP、PC　5. フィルター付キャップ→ PP、PC、PTFE　6. 保護ケース（プロテクタ）→ PP で、外面（外套針及び内針管）には滑剤として医療用

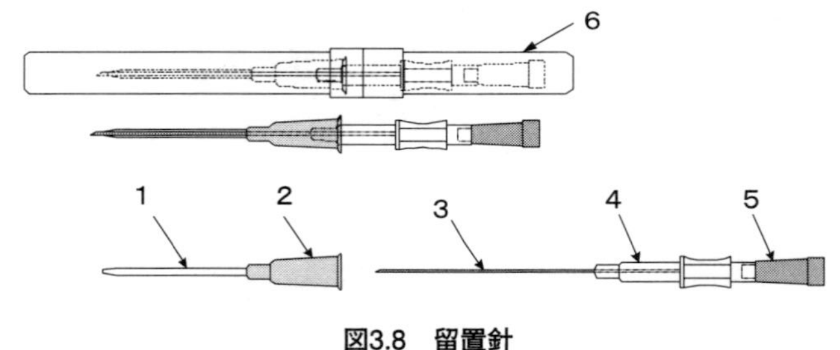

図3.8　留置針

シリコーンが塗布されています。

・主な滅菌方法

ガンマ線滅菌またはエチレンオキサイドガス滅菌が用いられています。

・備考

1．留置針には、日本工業規格（JIS）が制定されています。当該 JIS の番号は T −3223です。

2．JIS T −3223の制定により ISO のカラーコード（ゲージ（外径）による色分け）を採用することとなりました。

3．誤刺感染防止を目的とした針刺事故防止装置が付いているもの、外套針に固定翼の付いているもの、外套針が X 線造影剤混合材質のものなどがあります。

3.1.8　真空採血管（検体検査用品）

・用途

検体検査に用いられる器具には様々なものがありますが、最も多く使われているのは血液検査用の試験管です。この中でも特に真空採血管は、採血後そのまま検体容器として使用できることから、広く普及しています。

・構成・材料

主として1. 試験管及び2. ゴム栓から構成されますが、用途により種々の試薬が封入されているものもあります。

単独で使用されるのではなく、採血ホルダーに真空採血針と組合せでセットした状態で使用されます。

各部の材質は、1. 試験管→PET、硬質ガラス　2. ゴム栓→IIR（3. 採血ホルダー→PP　4. 採血針→3.1.3採血針の通り）です。

採血ホルダーに4. の採血針を装着して静脈へ穿刺し、真空採血管(1)を接続して採血します。

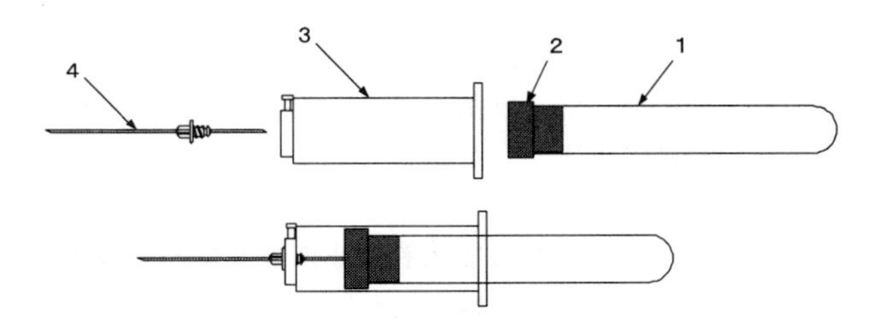

図3.9　真空採血管

・主な滅菌方法

主としてガンマ線滅菌が用いられています。

・備考

1．真空採血管による採血では血液が容器内に吸引されるだけの一方通行であり血液が血管へ逆流することはないとされていたため、長く滅菌されていない採血管が使用されてきました。しかし採血中や終了時の駆血帯操作の方法によっては容器内に採取された血液の一部が逆流することが確認されたため、2004年12月より採血管は全て滅菌品に変更されています。

2．真空採血管には、日本工業規格（JIS）が制定されています。当該JISの番号はT－3233です。

3．JIS T−3233の制定により封入された試薬の識別のためISOのカラーコード及び文字コードの使用が推奨されています。
4．試験管にゴム栓の代わりにアルミフィルムを貼ったものもあります。

3.1.9　その他の針（比重針、フーバー針、カラテン針、スパイナル針）

・用途

比重針、フーバー針、カテラン針、スパイナル針などがその用途別にあります。

(1)　比重針

21〜22ゲージの針に15cm程度のビニルチューブが付いた静脈針。

血液比重を測定するときの少量採血に使用します。

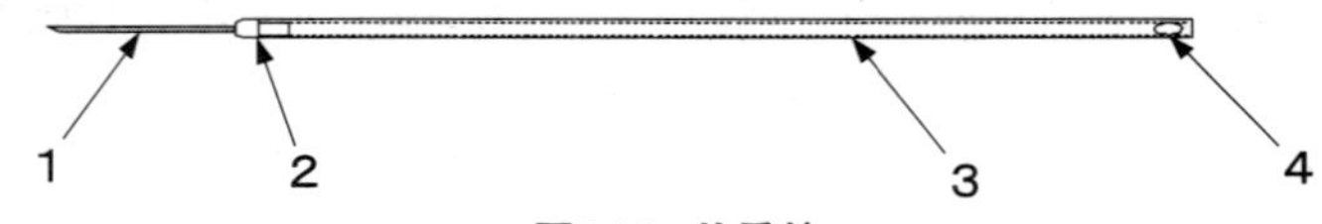

図3.10　比重針

・構成・材料

1．針管→ステンレス鋼　2．針基→PVC　3．チューブ→PVC
4．フィルター→熱可塑性ポリウレタン

(2)　フーバー針

埋込型カテーテルポートに穿刺して薬液を注入するための専用針です。

埋込ポートの隔壁ゴムに対して、繰り返し穿刺による損傷をできるだけ小さくするように、針管を刃面の穿刺方向と平行となるように刃面角度だけ曲げた針です。

図3.11　フーバー針

(3)　カテラン針

一般注射針より針管長が長く、50㎜〜80㎜程度のものです。

泌尿器科、整形外科などにて深部穿刺に使用されます。

図3.12　カテラン針

(4) スパイナル針

脊椎麻酔をするために脊椎腔へ穿刺して麻酔薬を注入するための針です。

ステンレス鋼製のスタイレット針入り二重構造針で、刃面の向きが針基側で確認できるようになっています。先端が目的位置に到達するとスタイレット針を抜去して麻酔薬を注入して抜針します。

・構成・材料

針管→ステンレス鋼、針基→ PE、PP

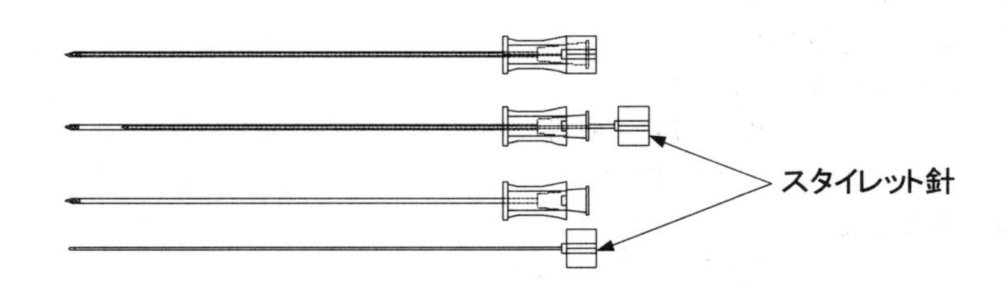

図3.13　スパイナル針

・主な滅菌方法

いずれもガンマ線滅菌またはエチレンオキサイドガス滅菌が用いられています。

3.2　輸液・輸血

3.2.1　輸液セットおよび輸血セット

・用途

輸液剤、全血や血液成分などの血液製剤を、薬液容器から静脈内に点滴するのに用います。

・構成・材料

輸液・輸血セットは、主としてびん針、点滴筒、導管、おす(雄)かん(嵌)合部及び保護キャップで構成します。通気装置、流量調節器、フィルタ、混注部、三方活栓、多連活栓、逆止弁、静脈針、延長チューブなども附属されます。重力落下によって輸注を行うものと、ポンプによって輸注を行うものとがあり、針を用いずに混注できる針不使用式のものもあります。輸血セットには、微小血液凝固塊や白血球を除くために、輸血用フィルターが組み込まれています。

1　び　ん　針：ステンレス鋼、PP、ABS、
　　　　　　　PC
2　導　　　管：PVC、EVA、PE、PBd
3　点　滴　口：ステンレス鋼、PP、ABS、
　　　　　　　PC
4　点　滴　筒：PP、PVC、ABS
5　流量調節器：PP、ABS、POM
6　開　閉　器：PP、ABS
7　混　注　部：IR、SI
8　おす(雄)かん(嵌)合部：
　　　　　　　PVC、PC、ABS
9　フィルタ：PE、PC、PA 等
10　通気装置：ステンレス鋼、PP、
　　　　　　熱可塑性ポリウレタン、
　　　　　　PTFE
11　保護キャップ：PP、PE

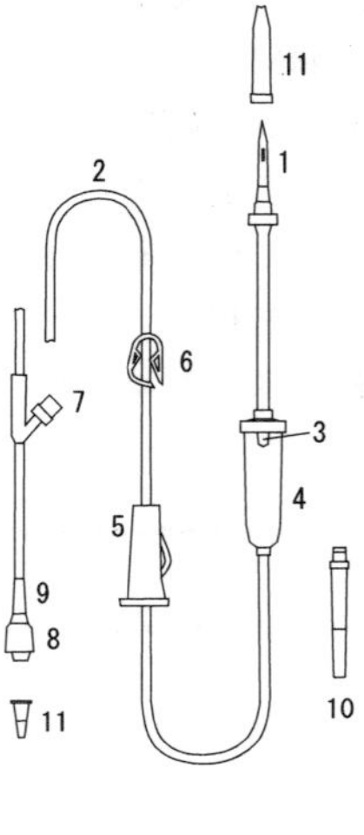

図3.14　輸液・輸血セット

・主な滅菌方法

ガンマ線滅菌またはエチレンオキサイドガス滅菌が用いられています。

・備考

1．天然ゴムはアレルギー症状防止の為、合成ゴムに代わってきています。

2．輸液セット・輸血セットには、日本工業規格(JIS)が制定されています。当該 JIS の番号はそれぞれ T −3211および T −3212です。

3.2.2　血液成分分離バッグ

・用途

血液成分分離バッグは血液及び血液成分の採取、保存、加工、輸送、分離及び投与を行うためのプラスチック製のバッグです。構成は主として、採血バッグ、導管及び分岐管からなり、採血針が附属するものもあります。血液成分分離バッグにはバッグを複数もつものもあり、図は一般的な構成を図示したものです。

・構成・材料

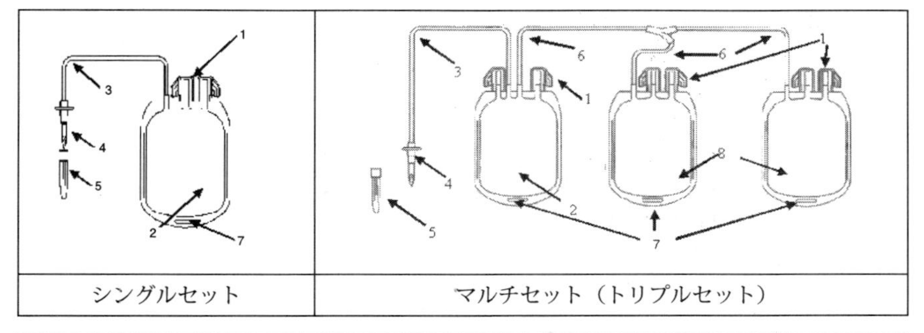

1．取出口	2．採血バッグ	3．導管	4．採血用口
5．保護キャップ	6．分岐管	7．懸垂用穴	8．バッグ

図3.15　血液成分分離バッグの構成及び名称（一例）

採 血 針 部：ステンレス鋼
導　　　管：PVC
採血バッグ：PVC
分　岐　管：PVC

・主な滅菌方法

ガンマ線滅菌、高圧蒸気滅菌、エチレンオキサイドガス滅菌、および電子線滅菌が用いられています。

・備考

血液成分分離バッグには、日本工業規格(JIS)が制定されています。当該JISの番号はT－3217です。

3.2.3　輸液用バッグ

・用途

中心静脈輸液療法などの施行患者に必要な1日分の高カロリー輸液調剤液を貯液して、中心静脈栄養点滴に使用する薬液容器です。

・構成・材料

主として1. バッグ本体、2. 連結チューブ、3. 三又分岐、4. 瓶針、5. 膜付チューブ／TPケース及び6. 混注ゴムボタンから構成されます。

各部の材質は、1. バッグ本体→E/VAC　2. 連結チューブ→PVC　3. 三又分

岐→PVC　4. 瓶針→ABS　5. 膜付チューブ／TP ケース→E/VAC、不織布
6. 混注ゴムボタン→合成ゴム

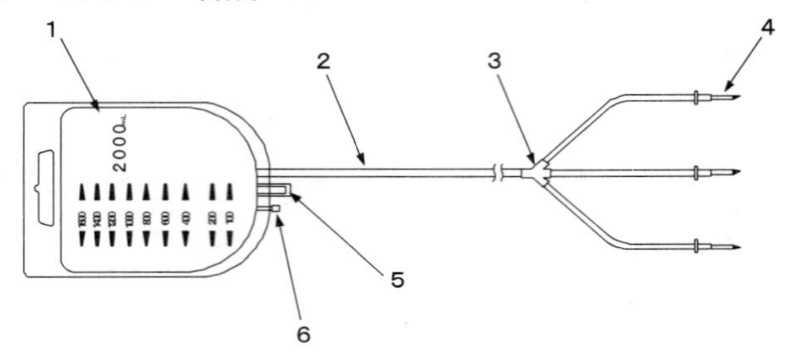

図3.16　輸液用バッグ

・主な滅菌方法

主としてエチレンオキサイドガス滅菌が用いられています。

・備考

1．輸液用バッグの使用方法は、4. びん針に薬液を無菌的に接続し、1. バッグ内に薬液を貯留します。（同時に薬液を3本接続できます）微量薬液は6. 混注ゴムボタンから注射針を用いて無菌的に注入します。バッグ内に全ての薬液を貯留し終わると、バッグ内の空気をチューブ側に押しだし、2. 連結チューブの途中でチューブシーラーなどを用いて無菌的に切断します。

患者さんへ輸液する場合は5.TP ケースを開き、輸液セットのびん針を無菌的に連結して輸液を開始します。

3.2.4　血液加温コイル

・用途

冷蔵庫に約5℃で保管されている血液を急速に加温して輸血する場合等に使用します。加温コイルを約40℃の恒温槽（湿式血液加温器）につけて、血液を加温します。

コイルチューブの両端はオスアダプタとメスアダプタが付いていて、そのオスアダプタには延長チューブを、メスアダプタには輸血セットを接続して使用します。

・構成・材料

コイルチューブ：PVC

オス・メスアダプタ：PP、PC、ABS 等

・主な滅菌方法
　ガンマ線滅菌またはエチレンオキサイドガス滅菌が用いられています。
・耐薬品、耐圧等
　接続する輸血セットなどと同等以上の耐圧性能と接続部強度が必要です。
・備考（注意事項）
　使用の際には、併用する湿式血液加温器との互換性を確認することが必要です。

製品例

使用例

図3.17　血液加温コイル

3.2.5　フィルタ

・用途
　医療で使用しているフィルタは細孔構造をしているメンブレンフィルタや不織布で、用途に応じて種々の形状をしたプラスチックハウジングに組み込まれています。
・構成・材料
　(1)　メンブレンフィルタの材質
　　メンブレンフィルタは、濾過対象物質によって親水性ないしは疎水性のものを選択して使用します。親水性フィルタの用途としては主に輸液剤に代表される薬剤濾過に使用し、疎水性フィルタは気体の濾過用として、人工呼吸器や血液透析装置等、圧力モニタリングラインの保護用として使用されています。これらのフィルタは体内への細菌及び異物の侵入を防ぐ役割を持ちます。
　代表的な親水性フィルタ：
　　MCE（セルロース混合エステル）・PVdF・PES・ＰＡ・PC
　代表的な疎水性フィルタ：
　　PTFE・PVdF・PE

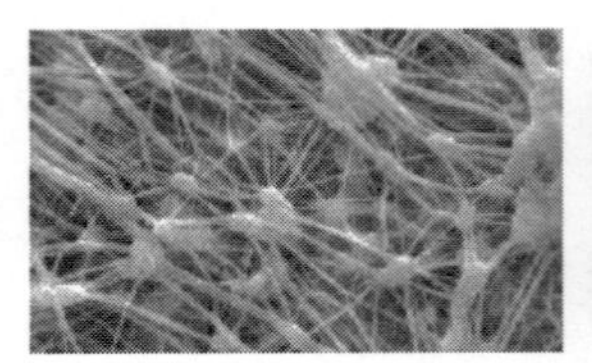
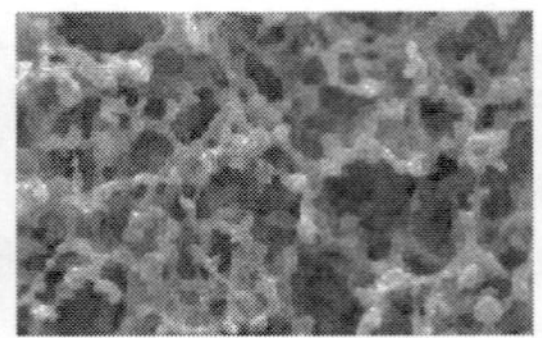
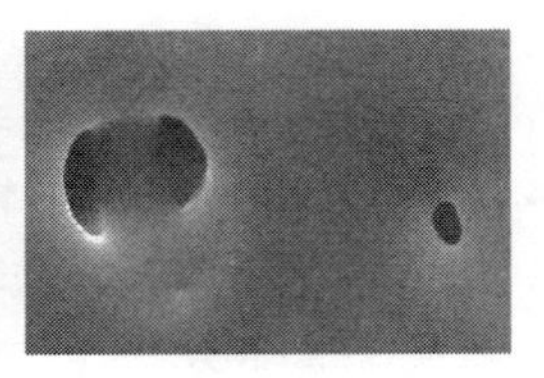

図3.18　メンブレンの細孔構造（左から PTFE・MCE・PSU）

⑵　不織布フィルタの材質

PET・PP・PE・GFF（グラスファイバー）

不織布フィルタを使用した製品は血清等の夾雑物質を多く含む溶液を濾過する際の前処理として用いられます。また、PET 等の極細繊維を用いて、白血球除去の用途にも利用されます。目的は輸血用血液製剤の投与時の白血球混入による副作用を防止する為です。

⑶　ハウジングの材質

PVC・PC・PP・PE・PS 等

用途に応じて、ハウジングの材質を使い分けます。各々、各種滅菌方法への対応力やメンブレンとの溶着性を考慮に入れた上で選択します。

・主な滅菌方法

主にエチレンオキサイドガス滅菌が用いられていますが、PSU や PVdF はガンマ線滅菌にも対応可能です。

・備考

1．薬品性については、メンブレン各々の性質を確認した上で適応しなくてはなりません。また、耐圧についてはハウジングとの溶着強度やハウジングの設計構造により確立されます。

2．プラスチックとの溶着性については、メンブレンはその厚みや強度、細孔構造、またプラスチックとの溶着方法（熱・超音波・溶剤）や、その条件（温度・時間・圧力）のパラメータを抑えた上で、至適化をする必要があります。

3．注射筒用フィルタ、静脈ライン用フィルタ、血液フィルタ、人工心肺回路用血液フィルタには、日本工業規格（JIS）が制定されています。当該 JIS の番号は、注射筒用フィルタが T −3224、静脈ライン用フィルタが T −3211および T −3219、血液フィルタが T −3225、人工心肺回路用血液フィルタが T −3232です。

3.3　チューブ・カテーテル部門

チューブ・カテーテル(Tube・Catheter)とは

医療の中で使用される軟質で、体に直接挿入される中空状(管状)のものをチューブ又はカテーテルと言います。その使い分けははっきりしませんが、消化器系や呼吸器系に使用されるものに用途や開発者の人名を冠して○×△チューブのように使用されています。英語のTubeと日本語としての“チューブ”では使用が異なることもあり、そしてカテーテルも同じ状況にあります。

チューブ・カテーテルと言う使用方法は医療の中では一般にはありませんが、行政用語としてこの種の医療機器をチューブ・カテーテルと呼び使用されています。

このチューブ・カテーテルは導尿管理に使用された管状の物が原点といわれ、発明者の名に因みネラトンカテーテルとして、現在も用語としてのみならず、製品として使用されています。また、カテーテル類は体腔や術野よりの体液吸引に使用され、これらはドレーン(又はドレナージ)とも呼ばれます。現在のチューブ・カテーテルは発展し、そのプラスチック特性を利用して体内に留置し、生理機能の補助に用いられるものより診断や検査そして生理機能のモニタリング(例：サーモダイリューション用カテーテル)や経静脈的栄養補給と輸血・体液管理等の生命維持ルート(例：中心静脈カテーテル)さらに治療用(例：PTCAバルーンカテーテル)に使用されるものまでに発展を遂げています。ここで取り上げるチューブ・カテーテルはその一部のものですが、できるだけ概要を紹介できるよう心掛けました。

3.3.1　消化器用チューブ・カテーテル

(1)　栄養用チューブ・カテーテル

・用途

経口で栄養物の摂取ができない患者に経鼻挿入して、胃または十二指腸の目的部位に挿管し、流動性栄養物を投与します。

・構成・材料

栄養チューブ・カテーテルは主として1. 本体チューブ、2. コネクタ(嵌合部)、3. キャップからなり、十二指腸まで挿入するタイプの本体チューブ先端には4. 錘がついています。また、側孔のあるものもあります。

各部の材質は、1. 本体チューブ→PVC、熱可塑性ポリウレタン、SI、E/

VAC　2. コネクタ→ PVC、熱可塑性ポリウレタン　3. キャップ→ PVC、熱可塑性ポリウレタン　4. 錘（おもり）→ステンレス鋼、タングステン鋼、真鍮（5. 側孔）です。

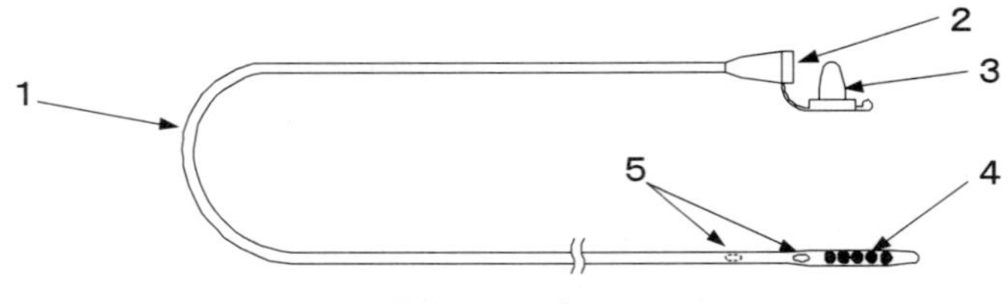

図3.19　栄養チューブ・カテーテル

・主な滅菌方法

主としてエチレンオキサイドガス滅菌が用いられています。

・備考

1．栄養用チューブ・カテーテルには、日本工業規格（JIS）が制定されています。当該 JIS の番号は T −3213です。

2．主として外径５～12フレンチのものが使用され、胃食道用カテーテル類よりは細めです。十二指腸まで挿管するカテーテルは、胃の蠕動運動によって幽門輪まで

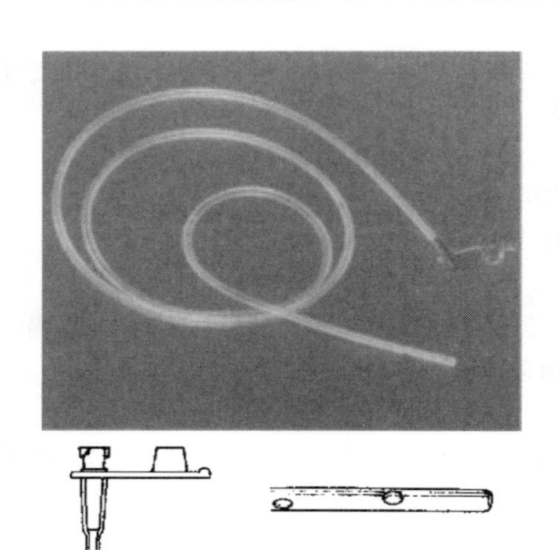

図 3.20　栄養カテーテル

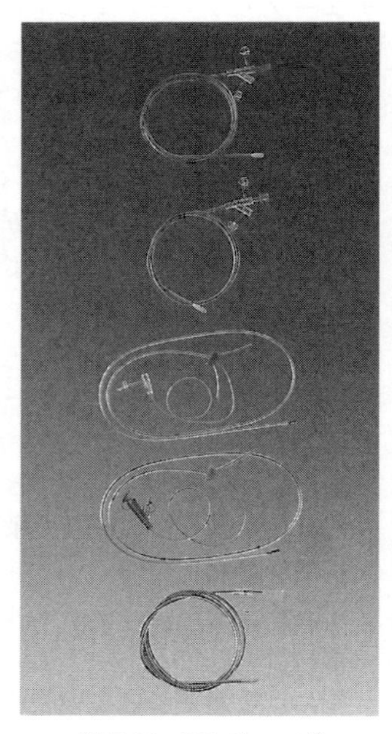

図 3.21　ED チューブ

到達して容易に通過させるための錘が先端部に内蔵されています。

嵌合部形状は、静脈系器具との誤接続事故を防止するためにISOルアーコネクタには接続できない形状規格のものが一般的になりつつあります。また錘の材質にステンレス等の金属が使用されているものは、錘がチューブ材質に被覆或いは埋め込まれているため、消化液や薬液に接触することはありません。上記のほかに、チューブ材質が柔らかい場合、挿管をしやすくするためにステンレス等の金属ワイヤーからなるスタイレットをもつものがあります。また、嵌合部を複数有するものもあります。

3．別名称として、栄養カテーテル、栄養チューブ、EDチューブ、フィーディングチューブ等と呼ばれることもあります。

⑵ 胃食道用チューブ・カテーテル

・用途

経鼻挿入をして、胃内減圧や分泌物採取、薬液等の注入ならびに胃洗浄に使用します。

・構成・材料

胃食道用チューブ・カテーテルは主として1. コネクタ及び2. 本体チューブ(3. 側孔　4. 先端孔)から構成されます。

各部の材質は、1. コネクタ→PVC　2. 本体チューブ→PVC(3. 側孔　4. 先端孔)です。

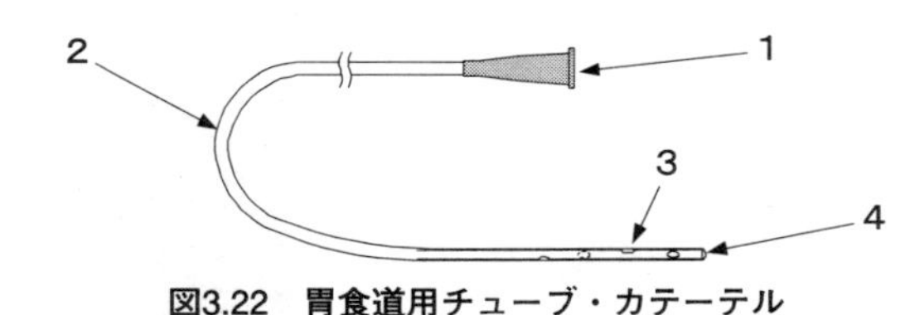

図3.22　胃食道用チューブ・カテーテル

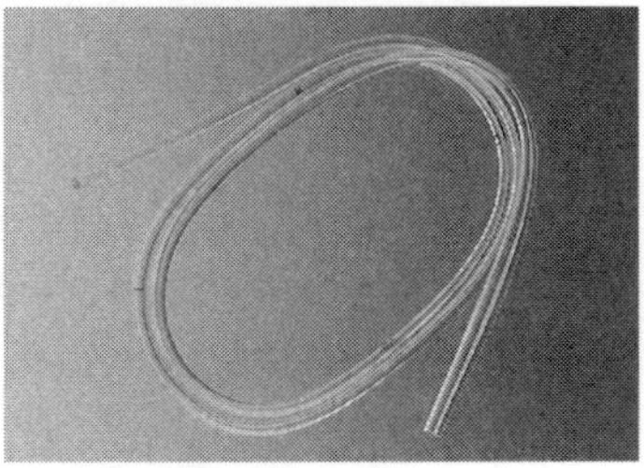

図3.23　胃カテーテル

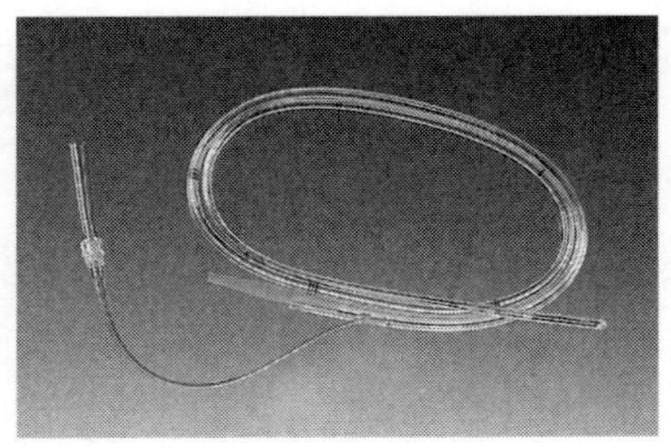

図3.24　胃カテーテル（サンプチューブ）

・主な滅菌方法

ガンマ線滅菌またはエチレンオキサイドガス滅菌が用いられています。

・備考

1．胃食道用チューブ・カテーテルには、日本工業規格(JIS)が制定されています。当該JISの番号はT－3239です。

2．栄養用チューブのような錘は無く、胃内容物の排出などのために若干太めのサイズ(外径12〜18フレンチ)が使用されます。

3．別名称として、胃管カテーテル、マーゲンチューブ、マーゲンゾンデ、胃サンプチューブ、ストマックチューブ等と呼ばれることもあります。

(3) 腸用チューブ・カテーテル

・用途

腹部を切開した手術の後遺症として、腸管癒着を発症することがあります。重度な癒着の場合にはイレウス(腸管閉塞、狭窄)になる確率が高いといわれています。開腹手術をせずにイレウスの快癒の促進(保存的治療法)をするために使用します。

方法としては、経鼻挿管をして、カテーテルのバルーン部が胃の幽門部を通過したところでバルーンを拡張し腸管の蠕動運動によって閉塞部までカテーテルを進め、効果的な減圧と腸管の選択的なX線造影診断及び術後のスプリントとして等、イレウスの治療に使用します。

・構成・材料

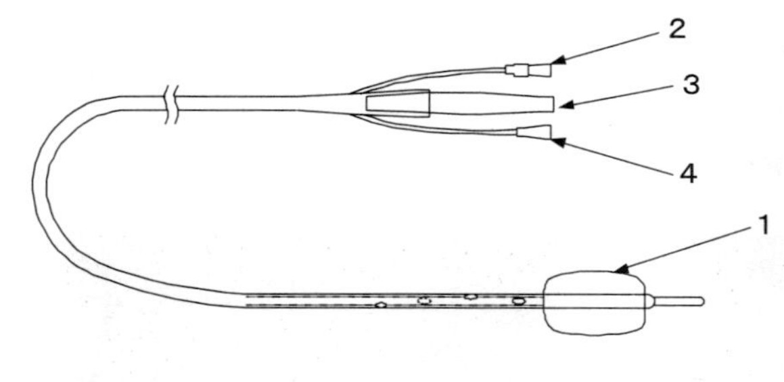

図3.25　腸用チューブ・カテーテル

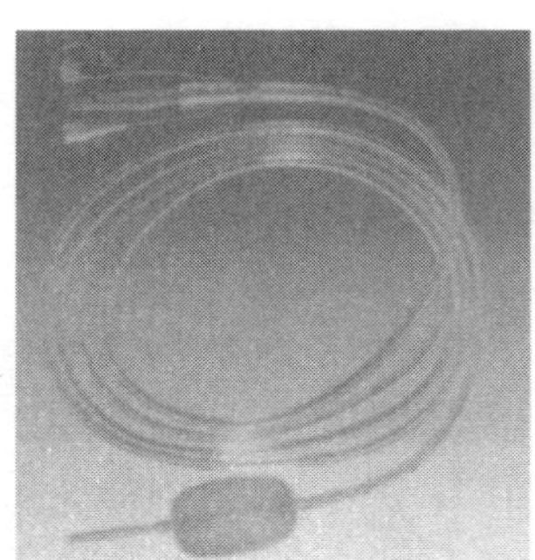

図3.26　デニスチューブ

腸用チューブ・カテーテルは主として1. 本体チューブ(バルーン)及び2. バルーンルーメン、3. 排液ルーメン、4. 灌流ルーメンから構成されます。
各部の材質は、1. 本体チューブ(バルーン)→PVC、熱可塑性ポリウレタン(2. バルーンルーメン　3. 排液ルーメン　4. 灌流ルーメン)です。

・主な滅菌方法
ガンマ線滅菌またはエチレンオキサイドガス滅菌が用いられています。

・備考
1．別名称として、イレウスチューブ、イレウス管、デニスチューブ等と呼ばれることもあります。

(4) 胆管用チューブ・カテーテル

・用途
胆道用カテーテルは、胆のう・胆道管のX線造影、経皮的内視鏡検査、術中・術後の血液、体液の排出また薬液の注入に使用します。

・主な滅菌方法
主としてエチレンオキサイドガス滅菌が用いられています。

・備考
1．胆管用チューブ・カテーテルには、日本工業規格(JIS)が制定されています。当該JISの番号はT－3243です。
2．別名称として、胆道用カテーテル、PTCDキット、PTBDキット、PTCSキット等と呼ばれることもあります。

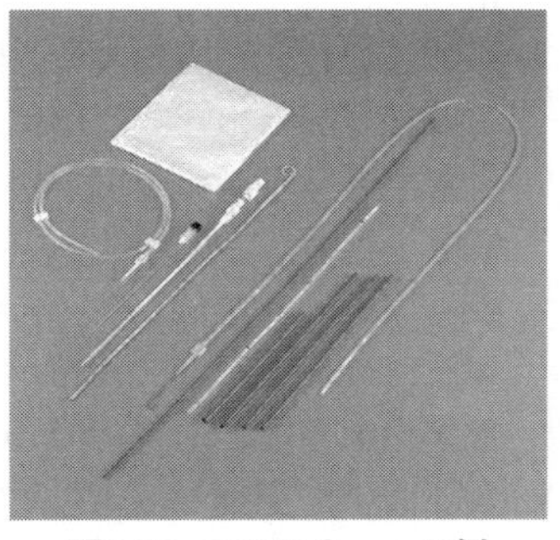

図3.27　PTBDキットの例

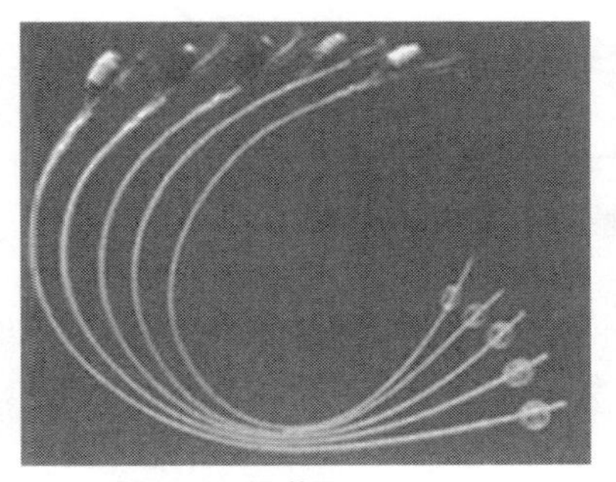

図3.28　胆道用カテーテル

図3.29　PTCDキット

⑸　その他の消化器用チューブ・カテーテル（サンプドレーンチューブ、アスピレーションカテーテル、ペンローズドレーン、プリーツドレーン、デュープルドレーン等）

・用途

上記の製品は、術中の血液、体液、洗浄液の吸引・排液、術後の患部より浸潤する血液、体液等の排出に使用されます。

・材料

上記の製品の主たる材料は、PVC、SI です。

・主な滅菌方法

主としてエチレンオキサイドガス滅菌が用いられています。

3.3.2　呼吸器用チューブ・カテーテル

⑴　吸引用チューブ・カテーテル

・用途

鼻腔、口腔、食道内の分泌物、血液、異物を吸引・排出に使用されます。特に麻酔覚醒時の呼吸管理には不可欠です。また気管切開チューブ等の内面に付着する分泌物の吸引・排出に使用します。

・構成・材料

吸引用チューブ・カテーテルは主として1. 本体チューブ、2. コネクタ、3. 先端孔、4. 側孔及び5. 調節バルブから構成されます。

各部の材質は、1. 本体チューブ→ PVC　2. コネクタ→ PVC　(3. 先端孔　4. 側孔　5. 調節バルブ) です。

図3.30　吸引用チューブ・カテーテル

・主な滅菌方法

ガンマ線滅菌またはエチレンオキサイドガス滅菌が用いられています。

・備考

1．吸引用チューブ・カテーテルには、日本工業規格 (JIS) が制定されています。当該JISの番号はT－3238です。

2．調節バルブ付タイプはバルブ部を指で開閉することで吸引圧の調整を行います。

3．JIS T－3238の制定によりISOのカラーコード（ゲージ（外径）による色分け）の使用が推奨されています。

4．別名称として、サクションチューブ、サクションカテーテル、吸引カテーテル等と呼ばれることもあります。

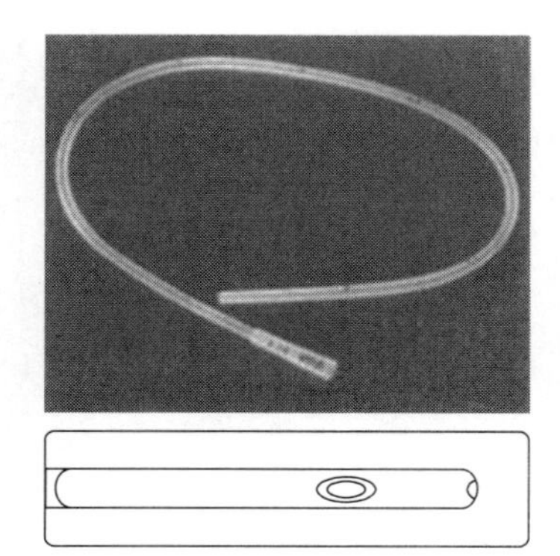

図3.31　サクションカテーテル

⑵　気管内用チューブ・カテーテル

・用途

気管内チューブは、別名麻酔用チューブといわれています。

これらの器具は、経鼻・口腔挿管法によって気管に挿管し、気道を確保してから麻酔ガスの送気・排気を行いながら、手術の時の麻酔を行う時に使用します。

気管切開チューブは、自発呼吸困難ならびに口腔挿管のできない患者の気道確保をし、呼吸管理を行う時に使用します。最近では、気道の確保、麻酔時の用途以外に治療に必要なチューブが開発されています。特に交通事故等による肺の損傷のひどい場合や肺ガン組織の一部摘出、片肺摘出等の手術にともなう気管支成形術に使用される器具です。

左右独立換気、片肺換気気管内チューブは、麻酔をかけながら手術側の肺を分離・虚脱し術野を確保し、手術を容易にさせる時に使用します。

・構成・材料

（気管内チューブの場合）

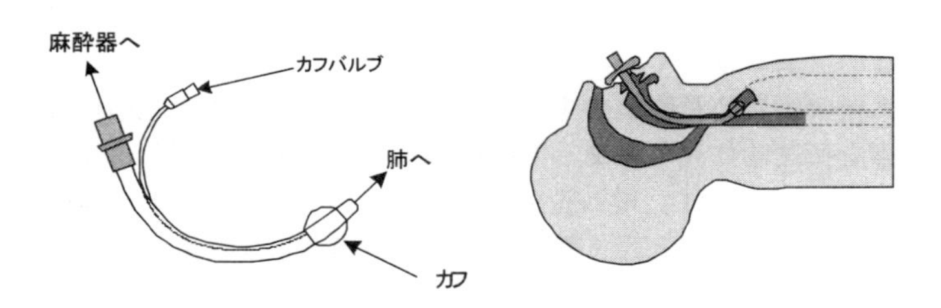

図3.32　気管内チューブ・カテーテル

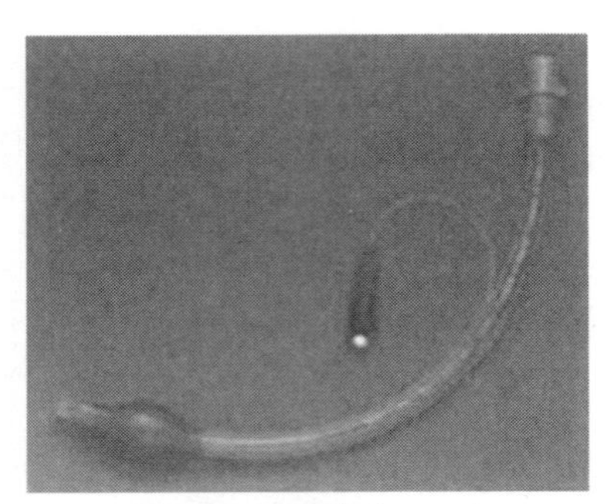

図 3.33　気管内チューブ

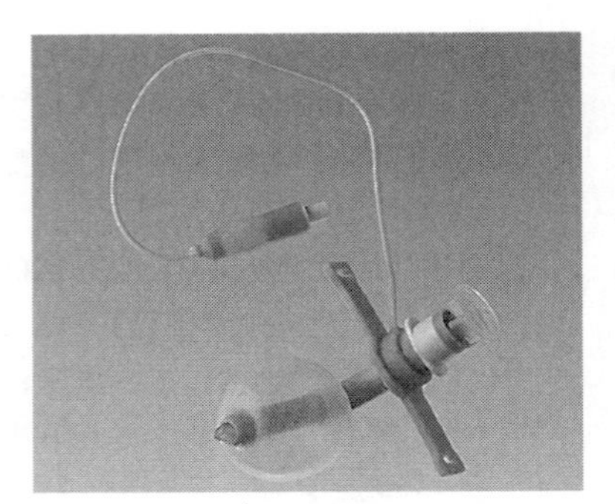

図3.34　気管切開チューブ

チューブ本体は比較的硬質の PVC 製で気道の屈曲に合わせたカーブがついています。バルーンは低圧でも気道粘膜に軟らかくフィットして気密を保つようにシリコーンゴム等が用いられます。
(気管切開チューブの場合)

・主な滅菌方法
ガンマ線滅菌またはエチレンオキサイドガス滅菌が用いられています。

・備考
1．別名称として気管内チューブは、ラセン入気管内チューブ、エンドトラキールチューブ等と呼ばれることもあります。
また気管切開チューブは、トラキオストミーチューブ等と呼ばれることもあります。

(3)　酸素投与用チューブ・カテーテル

・用途
酸素投与用チューブ・カテーテルには、大別すると酸素カテーテルと経鼻酸素カニューラがあります。
酸素カテーテルは、呼吸量の少ない患者の気管の入口まで経鼻挿管をし、若干の酸素を持続的に投与して、呼吸を楽にさせる時に使用します。
経鼻酸素カニューラは、耳と顎を利用して鼻孔に留置して低流量の酸素を流して呼吸の補助を目的として使用するものもあります。カテーテルには酸素用である事を示すカラー・コード(緑色)に着色されているものもあります。

・構成・材料

（酸素カテーテル）

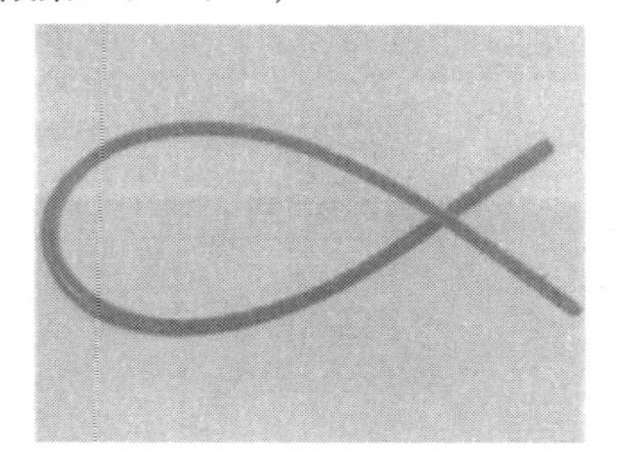

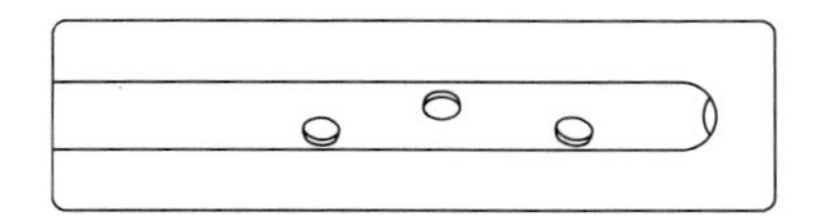

図3.35　酸素カテーテル

（経鼻酸素カニューラの場合）

材質としては、PVCによるものが主流です。

・主な滅菌方法

酸素カテーテルは、主にエチレンオキサイドガス滅菌が用いられています。経鼻酸素カニューラは、未滅菌品が主流です。

・備考

1．別名称として酸素カテーテルは、酸素カニューラ等と呼ばれることもあります。また経鼻酸素カニューラは、ネイザル（オキシジェン）カニューラ、鼻腔カテーテル等と呼ばれることもあります。

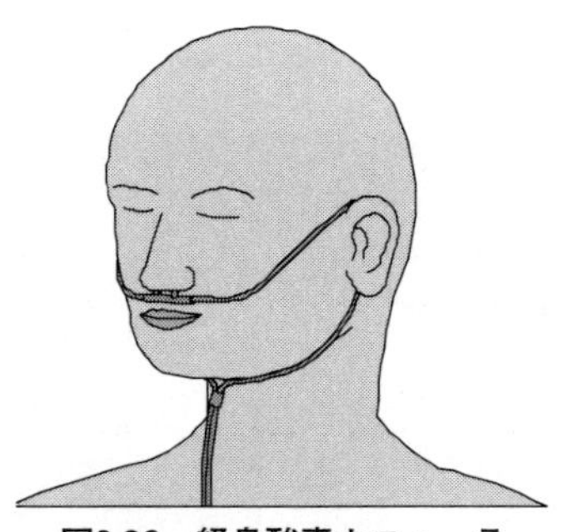

図3.36　経鼻酸素カニューラ

3.3.3　泌尿器用チューブ・カテーテル

(1)　膀胱留置用チューブ・カテーテル

・用途

形状で2、3wayの2種類があります。ほとんどの手術後において尿路確保に使用され、2wayは尿閉の改善・尿量の測定に、または単純膀胱洗浄に使用します。3wayは、膀胱の持続的洗浄、薬液注入に使用しますが、前立腺手術後の止血ならびに感染による炎症等の治療にも使用します。

・構成・材料

膀胱留置用チューブ・カテーテルは主として1. 本体チューブ（バルーン）、2. バルーンルーメン、3. 逆止弁、4. 導尿ファネル及び5. 洗浄コネクタから構成されます。

各部の材質は、1. 本体チューブ (バルーン) → NR、シリコーンゴム、TPE
2. バルーンルーメン→ NR、シリコーンゴム、TPE　3. 逆止弁→シリコーンゴム、PP　4. 導尿ファネル→シリコーンゴム　5. 洗浄コネクタ→PE、PPです。

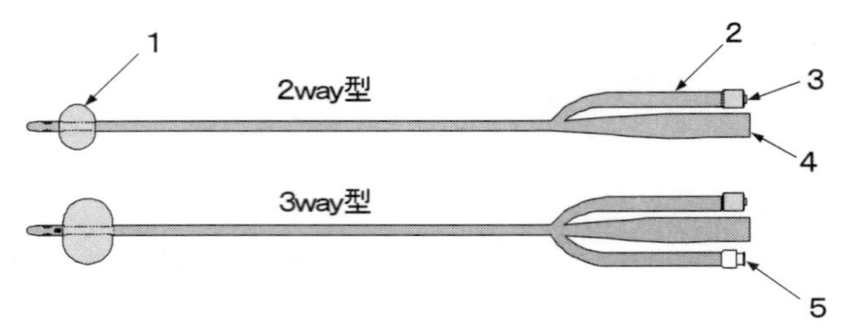

図3.37　膀胱留置用チューブ・カテーテル

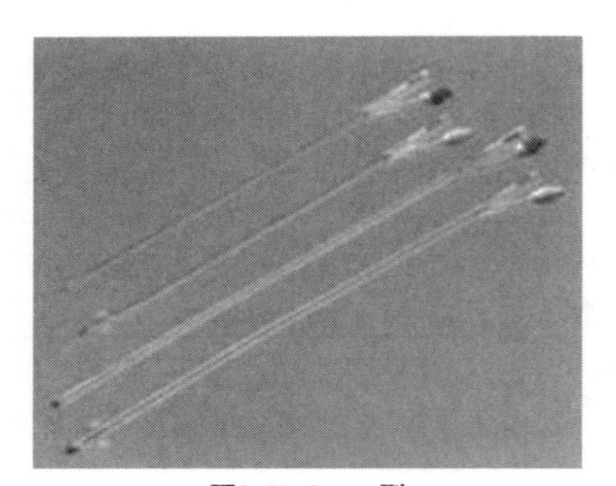

図3.38 2way 型

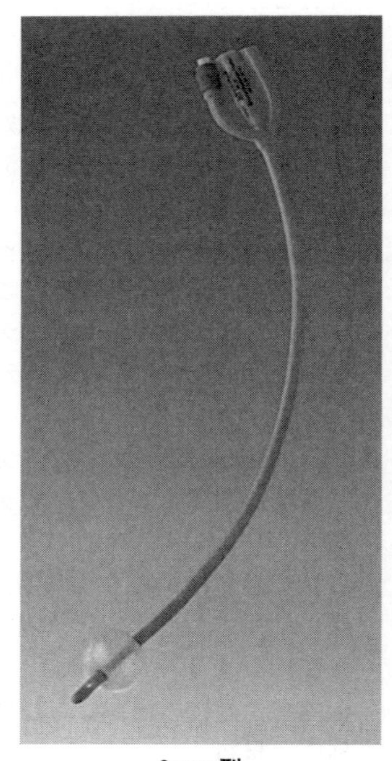

3way 型
図3.39　フォーリーカテーテル

・主な滅菌方法
ガンマ線滅菌またはエチレンオキサイドガス滅菌が用いられています。

・備考

1．膀胱留置用チューブ・カテーテルには、日本工業規格 (JIS) が制定されています。当該 JIS の番号は T –3214です。
2．バルーンの膨張率、カテーテルの柔軟性から NR 製が主力ですが、ラテックスアレルギー防止が可能な TPE 製やシリコーンゴム製のもの、表面に抗菌剤をコーティング或いは混練して尿路感染防止効果を持たせたものもあります。

3．別名称として、一般的にはフォーリーカテーテルまたはバルーンカテーテルと呼ばれています。フォーリーは発明者の名前です。

(2) 導尿用チューブ・カテーテル

・用途

術後の体液の排出、体腔への洗浄液・薬液の注入、単純な導尿など多用途に使用します。

また寝たきり老人の間欠導尿にも広く使用されています。

・構成・材料

導尿用チューブ・カテーテルは主として1. 本体チューブ、(2. 先端閉タイプ 3. 先端開口タイプ) 及び4. ファネルコネクタから構成されます。

各部の材質は、1. カテーテル→ PVC　4. ファネルコネクタ→ PVC です。

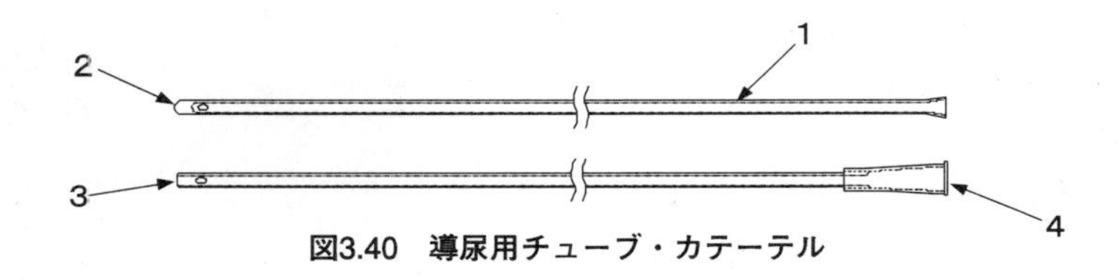

図3.40　導尿用チューブ・カテーテル

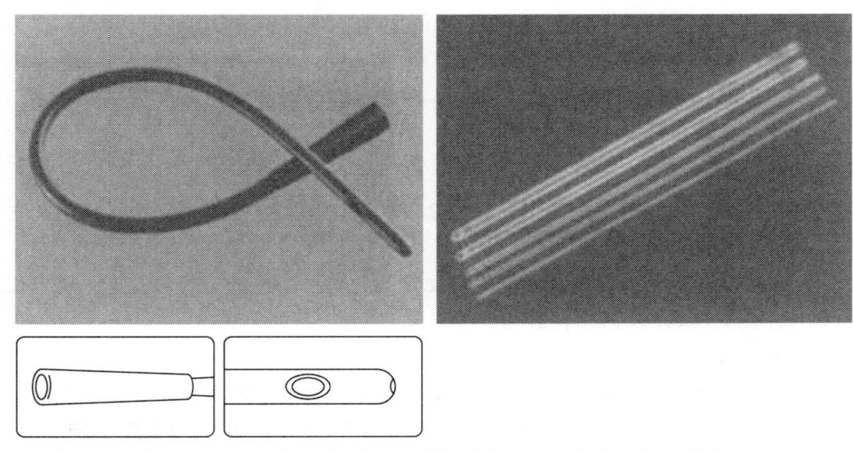

図3.41　三孔先穴カテーテル（左）とネラトンカテーテル（右）

・主な滅菌方法

ガンマ線滅菌またはエチレンオキサイドガス滅菌が用いられています。

・備考

1．別名称として、一般的にはネラトンカテーテル、導尿用カテーテルと呼ばれています。

(3)　瘻用チューブ・カテーテル

・用途

経皮的腎結石除去術後の腎瘻にこれらのカテーテルを挿入し、腎盂の中でバルーンを拡張してカテーテルを固定し、体液・洗浄液の排出、薬液の注入を目的として使用します。

・構成・材料

材質としては、NR、シリコーンゴムによるものが主流です。

・主な滅菌方法

主としてエチレンオキサイドガス滅菌が用いられています。

・備考

1．瘻用チューブ・カテーテルには、日本工業規格（JIS）が制定されています。当該JISの番号はT－3216です。

2．別名称として、一般的にはネフロストミーカテーテル、腎盂バルーンカテーテルと呼ばれています。

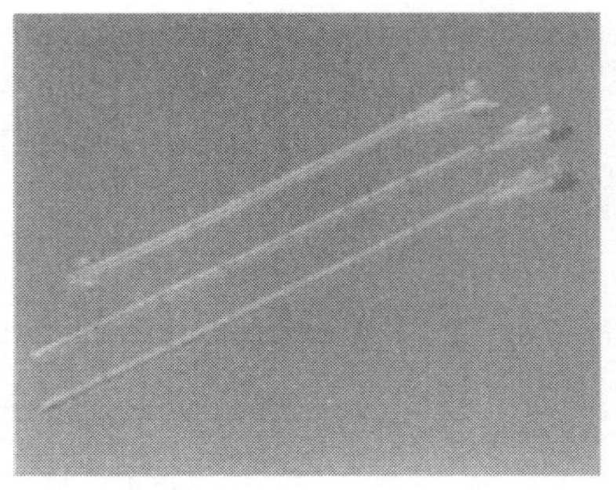

図3.42　腎盂バルーンカテーテル

(4)　その他の泌尿器用チューブ・カテーテル（経尿道的バルーンカテーテル、尿管ステントJ.カテーテル）

・用途

腎結石除去時の結石小片が、尿管および膀胱に落下させないために使用します（経尿道的バルーンカテーテル）。

又、尿管結石除去術後短期間尿管内に留置して、術後の尿管の安定、成形に使用します（尿管ステントJ.カテーテル）。

・構成・材料

材質としては、経尿道的バルーンカテーテルの場合シリコーンゴムが主流です。尿管ステントJ.カテーテルの場合はシリコーンゴム、PTFE、PE、PA等があります。

・主な滅菌方法

主としてエチレンオキサイドガス滅菌が用いられています。

3.3.4　血管用チューブ・カテーテル

(1)　動静脈留置用カテーテル・カニューレ

・用途

薬液・輸液・血液等の点滴や血液透析等の体外循環を行う際に、経皮的な血管への導管（ブラッドアクセス）として使用します。多くの場合プラスチックカニューレ、注射針、シリンジ等で構成されています。血管内留置針、プラスチックカニューレ型静脈内留置針と呼ばれることもあります。

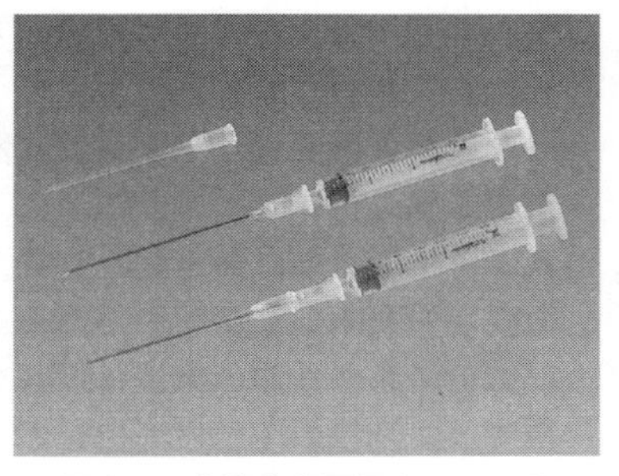

図3.43　血管内留置用カニューラ

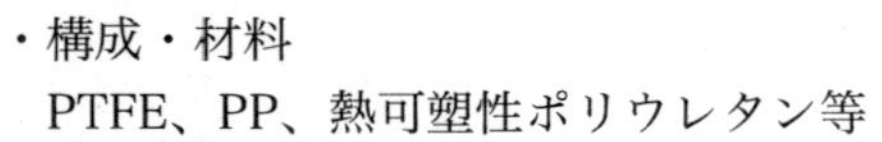

・構成・材料

PTFE、PP、熱可塑性ポリウレタン等

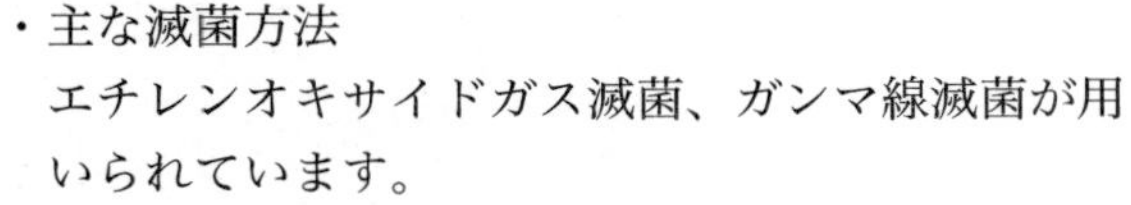

・主な滅菌方法

エチレンオキサイドガス滅菌、ガンマ線滅菌が用いられています。

(2)　中心静脈用カテーテル

・用途

鎖骨下静脈や内・外頚静脈、上腕静脈等よりカテーテルを経皮的に右心房付近に留置し、高カロリー栄養輸液、輸血、各種の薬物の投与や中心静脈圧測定等の目的に使用されます。集中治療時の生命維持管理や手術後の栄養管理が主要な使用目的です。さらに経消化管的栄養摂取のできない患者に日常の栄養補給ルートとして使用され、人工腸管とも呼ばれる生涯にわたる使用もあります。このため留置中の血栓形成が重要な問題となるので、ヘパリン又はウロキナーゼ処理された抗血栓性カテーテルが開発されています。CVカテーテル、IVHカテーテル、TPNカテーテル、PIカテー

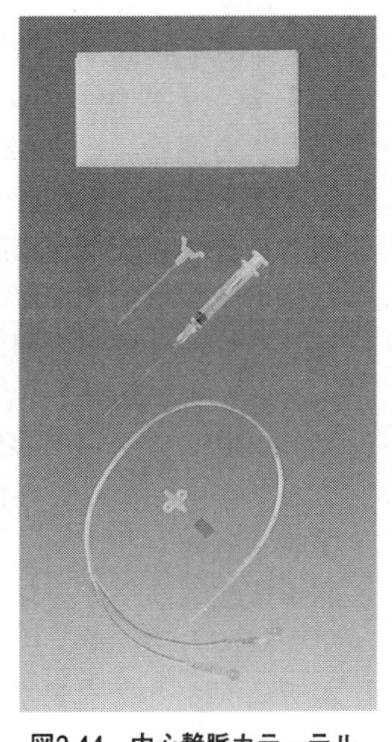

図3.44　中心静脈カテーテル

テルと呼ばれることもあります。

・構成・材料

熱可塑性ポリウレタン、SI、PVC

・主な滅菌方法

エチレンオキサイドガス滅菌が用いられています。

・備考

中心静脈用カテーテルには、日本工業規格（JIS）が制定されています。当該JIS番号はT－3218です。

(3) 血液浄化用ブラッドアクセス留置チューブ・カテーテル

・用途

人工透析患者が、シャントトラブルやその他の原因で通常のルートや方法では透析に必要な血液量が得られない場合に、血液量の多い右心房付近又は大伏在静脈等に経皮的に留置します。血管を確保し大量の血液（約200～300mL／分程度）を透析器に送り、透析終了後の血液を患者に戻すためのカテーテルです。これ以外に術後に腎不全や薬物中毒、その他緊急の血液浄化を必要とする場合に、血液の出入口用（ブラッドアクセス）カテーテルとして使用されます。また、血液浄化中を含め血栓形成が問題となるので、ヘパリン又はウロキナーゼ処理された抗血栓性カテーテルが開発されています。ブラッドアクセスカテーテル、緊急時ブラッドアクセスカテーテル用留置カテーテル、BAカテーテル、バスキュラーアクセスカテーテルと呼ばれることもあります。

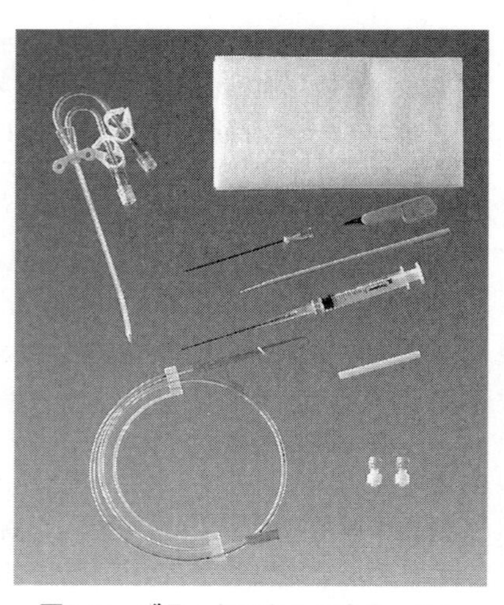

図3.45　ブラッドアクセスカテーテル

・構成・材料

熱可塑性ポリウレタン、SI

・主な滅菌方法

エチレンオキサイドガス滅菌が用いられています。

(4) 血管造影用カテーテル

・用途

大腿動脈又は上腕動脈、とう（橈）骨動脈から、経皮的にシースイントロデューサーやガイドワイヤー等を用いて、カテーテル先端を目的部位まで挿入し、造影剤を注入してＸ線透視下で血管の状態等を正確に診断するために使用されます。抗癌剤等の薬剤を注入したり、マイクロカテーテル等のIVR（低侵襲性血管内治療）のデバイスを挿入するために使用されることもあります。目的血管に挿入するためには、カテーテルの先端形状の選択が重要な要素となります。代表的なカテーテルの先端形状には、心臓に使用されるピッグテール（左心室用）、ジャドキンス、アンプラッツ型（左・右冠動脈用）、腹部に使用されるシェファードフック、コブラ、RH型、頭部に使用されるヘッドハンター、シモンズ、ニュートン、ベンソン型等の名称で呼ばれているものがあります。カテーテル先端部分をシャフト（手元部分）より軟らかくするために柔軟なチューブを接合したものや、高いプッシュアビリティやサポート力、造影剤の注入性能を高めるために金属製のブレードを入れたもの、末梢血管や蛇行血管に挿入しやすいように親水性等のコーティングを施したもの、血栓の付着を防止するためにヘパリンを固定化した製品なども商品化されています。

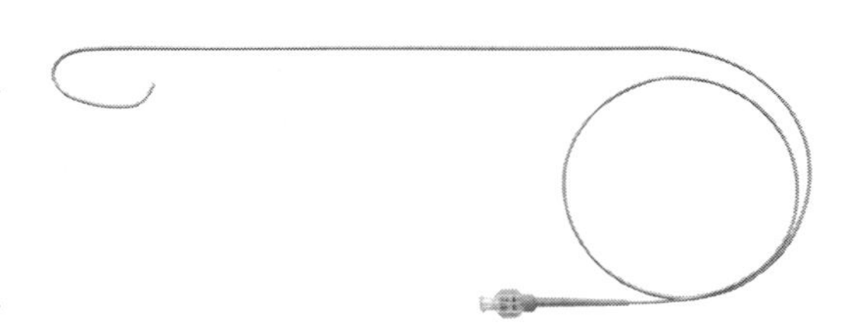

図3.46　血管造影用カテーテル

図3.47　血管造影用カテーテル先端部

・構成・材料

PE、熱可塑性ポリウレタン、PA

・主な滅菌方法

エチレンオキサイドガス滅菌が用いられています。

3.3.5　IVR（低侵襲性血管内治療）用カテーテル

(1)　血管造影用マイクロカテーテル

・用途

外径3.2フレンチ以下の細いカテーテルで、脳血管や末梢血管等の動静脈奇形（瘤）や動静脈瘻の治療、腫瘍塞栓、止血等の目的で挿入され、造影剤の注入や塞栓物質などの治療器材、及び薬剤等を目的の部位にデリバリーするために用いられています。カテーテルの先端部分はシャフト（手元部分）よりも軟らかい構造になっています。キンク（折れ曲がり）などの変形に強いものや、蒸気による先端形状付けが可能なもの、さらに高いプッシュアビリティとサポート力を得るために、金属製やファイバー製のブレードを入れたものも商品化されています。また、カテーテルに親水性コーティングを施すことで、より微細な末梢血管や蛇行の強い血管にも誘導することが可能になっています。今後も医療機器の進歩・発展により成長が期待される分野の製品です。

・構成・材料

PE、PP、熱可塑性ポリウレタン、PA、TPE

・主な滅菌方法

エチレンオキサイドガス滅菌、ガンマ線滅菌が用いられています。

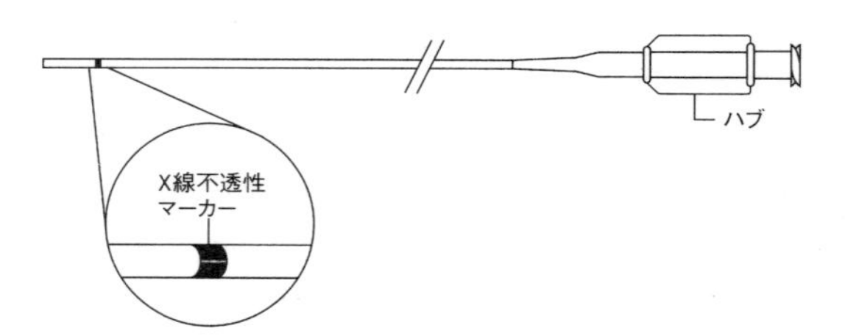

図3.48　血管造影用マイクロカテーテル

(2)　ガイディングカテーテル

・用途

ガイディングカテーテルは、低侵襲性血管内治療において目的の血管へ治療器具を進めるためのカテーテルで、冠動脈用、脳血管用、腹部四肢末梢用があり、太さも５フレンチから10フレンチまでのものが商品化されています。また、ガイディングカテーテルは手技の方法や患者さんの体格に応じ、多種多様な先端形状や長さの商品が取り揃えられています。カテーテルには、手元部の回転を先端まで伝達させるトルク性を向上するために金属製ブレードを入れたり、治療器具を挿入しやすくする目的で内腔にPTFE素材などを使用し滑りを改善する工夫が施されていますので、カテーテルのシャフト部分はポリマーの多層構造のものが一般的です。また治療手技中には血管の造影も行われます。

・構成・材料

PA、PTFE、TPE等

・主な滅菌方法

エチレンオキサイドガス滅菌、ガンマ線滅菌が用られています。

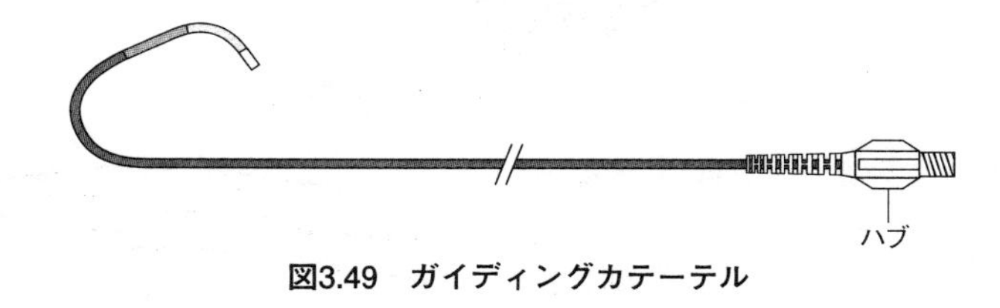

図3.49　ガイディングカテーテル

(3)　PTCAバルーンカテーテル（経皮的冠動脈形成術用カテーテル）

・用途

PTCAバルーンカテーテルは、全長約140cmのチューブで先端にバルーン（風船）が装着されており、加圧器を用いて液体を送り込むことによりバルーンを拡張（収縮）することができます。本カテーテルは心筋梗塞や狭心症（心臓の冠動脈が狭くなったり、詰まる病気）を治療する為に使用されます。PTCA（Percutaneous Transluminal Coronary Angioplasty：経皮経管的冠動脈形成術、同義語としてPOBA：Plain Old Balloon Angioplasty）の手技は、ガイディングカテーテル内を通しPTCAバルーンカテーテルを冠動脈の狭窄部に進めた後、バルーンを拡張することにより狭くなった血管を中から押し広げ血流を回復（血行再建）させます。冠動脈の血行再建にはバルーンカテーテル等を使用し経皮的に行う低侵襲な治療法であるインターベンション手術の他に、外科的に血液の迂回路を作るCABG（Coronary Artery Bypass Grafting Surgery：冠動脈バイパス手術）があります。CABGは全身麻酔で開胸して手術を行うため患者さんに対する侵襲度がより高く、大腿部もしくは腕、手首等の局所麻酔で手技を行うことができるインターベンション手術はより低侵襲であり、入院期間の短縮等、患者さんのQOL向上に大

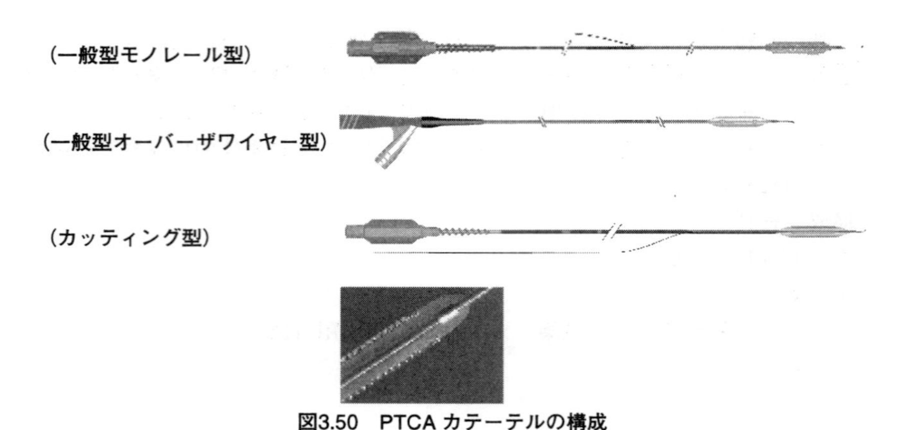

図3.50　PTCA カテーテルの構成

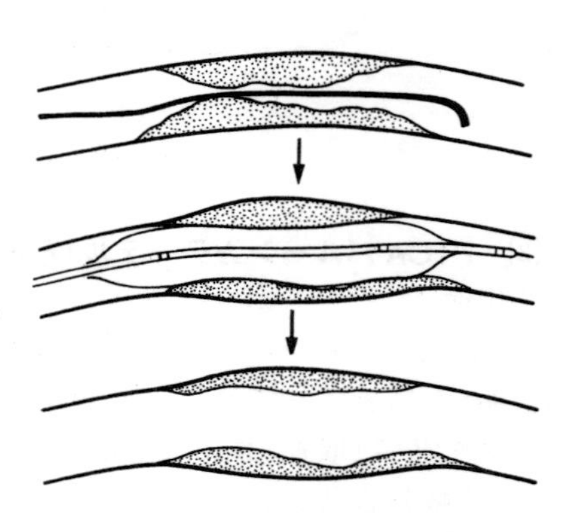
図3.51　冠動脈狭窄病変の拡張過程（模式図）

きく貢献しています。PTCA バルーンカテーテルの特にバルーン部分は素材によりその特性が異なり、症例に合わせて術者が最適な素材、種類、且つ最適なサイズの製品を選択する必要があり、製造元はこれらのニーズを満たし、より安全に使用できるよう開発や製造を進めています。また、通過性を向上させるためカテーテルに親水性コーティングを施し、屈曲や蛇行のある血管や高度に狭窄した血管にも誘導し易くしています。カテーテルの種類は次の4種類に大別されます。①一般型(モノレール／ラピッドエクスチェンジ型、オーバーザワイヤー型および、フィックスドワイヤー型)　②インフュージョン型　③パーフュージョン型　④カッティング型。

・構成・材料

PA、PET、熱可塑性ポリウレタン、PE、PP、PC

・主な滅菌方法

エチレンオキサイドガス滅菌、ガンマ線滅菌が用いられています。

(4)　皮下用ポート・カテーテル

・用途

皮下用ポート・カテーテルは、癌患者や長期的に食物を経口摂取できない患者に対して、抗癌剤による化学療法や補液などの薬液注入ルートとして体内に埋め込まれ使用されます。本品は、薬液を目的臓器へ注入するために留置するカテーテル部と、体外からニードルを頻回に刺すためにアクセスポイントとして使用するポート部で構成されています。カテーテル部は長期的に血管内に留置されることから、通常生体適合性の良いシリコーン又は熱可塑性ポリウレタンが使用されています。特にポリウレタン製カテーテルには各種抗血栓性コーティングが施され、血栓による合併症を防止することにより長期的に薬液注入ルートを確保することが考慮された製品になっています。代表的なコーティング材料としては、抗凝固作用のあるヘパリンがあります。ヘパリンがカテーテル表面から血液に溶出することにより、人体の凝固能を損なうことなくカテーテル表面だけの凝固を回避するものであります。

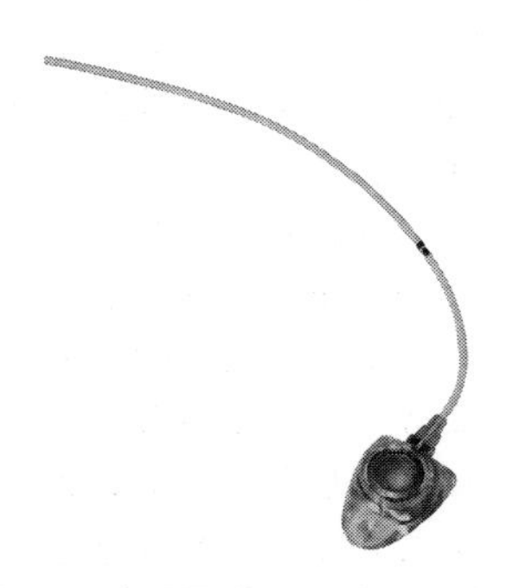
図3.52　皮下用ポート・カテーテル

・構成・材料

カテーテル部：熱可塑性ポリウレタン、SI

ポート部：PES、SI、POM、チタニウム

・主な滅菌方法

エチレンオキサイドガス滅菌が用いられています。

3.3.6　ガイドワイヤー

・用途

血管造影用カテーテルや治療用カテーテルなどを安全に目的部位に導くためのもので、細い針金のような形をしています。以前は金属製のスプリングタイプで、血栓の付着を防止するために、表面にPTFE（フッ素樹脂）加工を施したものや、ヘパリンコーティングをしたものが主流でした。現在ではキンク（折れ曲がり）が少ない超弾性合金にポリウレタンを被覆し、さらに親水性のポリマーをコーティングしたプラスチックタイプが主流になっています。プラスチックタイプのガイドワイヤーは、超弾性合金をコアにしているため耐キンク性に優れており、ポリウレタンの被覆により表面が平滑であるためスプリングタイプに比べて血栓が付着しにくく、また親水性コーティングにより蛇行した血管でもスムーズに挿入することができます。さらに先端形状をアングル型に加工したものもあり、血管が分岐していても目的の方向へ自由に進めることができるようになっています。

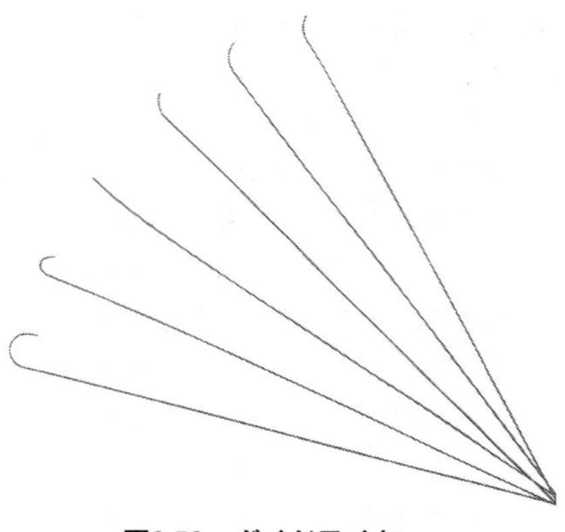

図3.53　ガイドワイヤー

最近の目を見張るカテーテル治療法の進歩を支える大切なプラスチック製医療機器です。

・構成・材料

熱可塑性ポリウレタン

・主な滅菌方法

エチレンオキサイドガス滅菌が用いられています。

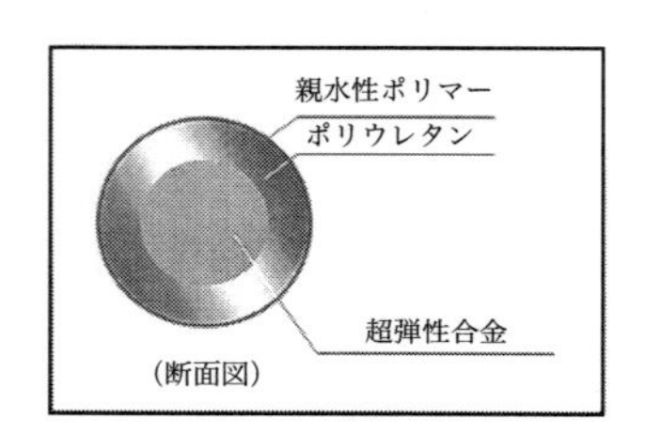

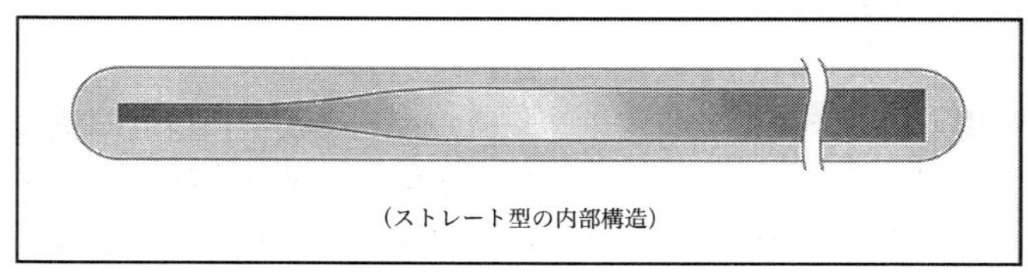

図3.54　断面図とストレート型の内部構造

3.3.7　シースイントロデューサー

・用途

血管造影用カテーテルや治療用カテーテルなどを血管に挿入するための医療機器で、導入針、ガイドワイヤー、ダイレーター及びシース等がキットになったものです。使用方法は、まずプラスチック製のカテーテル型留置針を導入針として血管に穿刺します。次に内針を抜き、ミニガイドワイヤーを血管に導入し、留置針を抜去します。そしてダイレーターをセットしたプラスチック製のシースを挿入します。ダイレーターを抜去してシースを留置します。シースの後端には逆止弁が付いており血液漏れを防止します。カテーテルなどはこのシースを通して血管に導入することができますので、血管造影やインターベンション等でカテーテルを交換して使用する場合に便利です。診断から治療までが安全に連続的に行えるようになりました。

・構成・材料

シース：PTFE・PE
弁体：SI
ダイレーターチューブ：PP
ハウジング：PP、ABS
アームチューブ：PBd、熱可塑性ポリウレタン
キンク防止部：TPE
三方活栓：PC・PE・PP

・主な滅菌方法

エチレンオキサイドガス滅菌が用いられています。

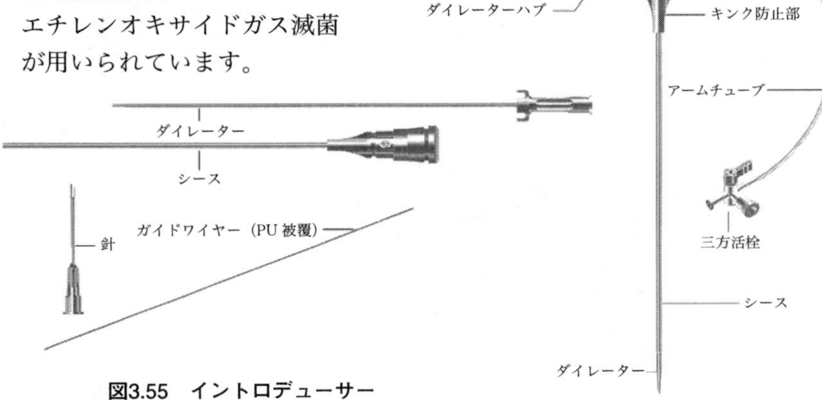

図3.55　イントロデューサー

3.3.8 吸引留置チューブ・カテーテル

(1) **脳脊髄用具**

・用途

水頭症シャントは、頭蓋内内圧亢進（交通性・非交通性水頭症等による）の圧を下げる目的で、水頭症の治療に用いられます。

一次的に頭蓋内圧の亢進を下げる為にドレナージセットや脳室ドレナージチューブが使用されます。これらのチューブ・カテーテルは、留置した場所から脳脊髄液を体外に排出する役割を果たします。また、脳内出血がある場合などは、出血による後遺症としての水頭症になることを防ぐために使用します。

恒久的な頭蓋内圧の調整には水頭症シャントシステムが使用され、シャントバルブにより頭蓋内圧が一定に保たれます。最近では、圧可変式のシャントバルブが開発され、インプラント後のバルブ圧の調整を体外から非侵襲的に行うことが可能となり、社会復帰後の患者のQOLを向上させております。

また、このシャントバルブに接続させる髄液リザーバーは、脳室カテーテルと組み合わせて頭皮下に埋入して、検査を目的とした脳脊髄液の採取に用います。

・構成・材料

水頭症シャント類は、術式によりV－P（脳室－腹腔シャント術）、S－P（硬膜下腔－腹腔シャント術）、L－P（腰部クモ膜下腔－腹腔シャント術）、V－A（脳室－心房シャント術）などのシャントシステムが存在しますが、使用するカテーテルの材質は、主にSIやPVCです。

図3.56 脳室ドレナージチューブの一例

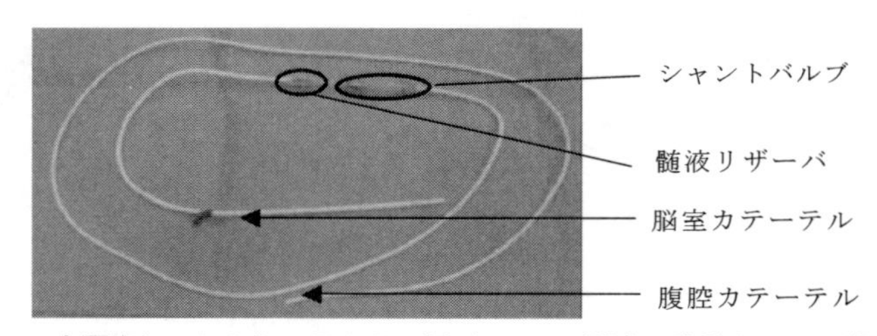

図3.57 水頭症シャントシステムの一例（V－P（脳室－腹腔シャント術用））

・主な滅菌方法

エチレンオキサイドガス滅菌、ガンマ線滅菌、または、高圧蒸気滅菌が用いられています。

(2) 体内留置排液用チューブ・カテーテル

・用途

一般的にドレーンといわれており、術後体内に留置し一端を体外に出し、術後の体液を積極的な吸引をすることなく毛細血管現象を利用して体外に誘導排出をする時に使用します。T字ドレーンは、胆管の手術後に胆汁を体外に排出する目的で、胆管に留置する専用チューブです。

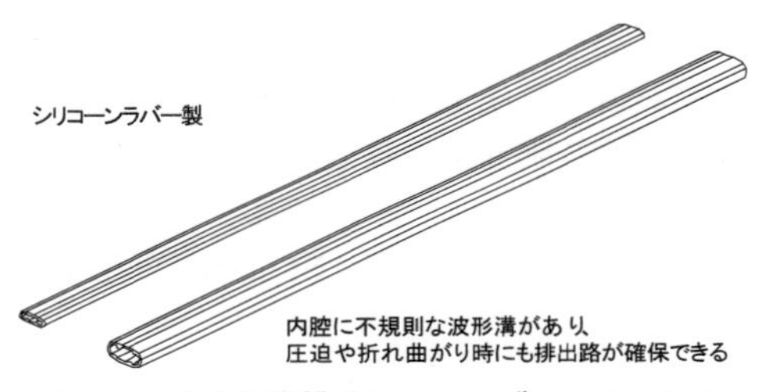

図3.58　体内留置排液用チューブ・カテーテル

・構成・材料(ペンローズドレーンの場合)

材質としては、SIによるものが主流です。

・主な滅菌方法

主としてエチレンオキサイドガス滅菌が用いられています。

・備考

1．体内留置排液用チューブ・カテーテルには、日本工業規格(JIS)が制定されています。当該JISの番号はT－3215です。

2．別名称として、ペンローズドレーン、デュープルドレーン、プリーツドレーン、T字ドレーン等と呼ばれることもあります。

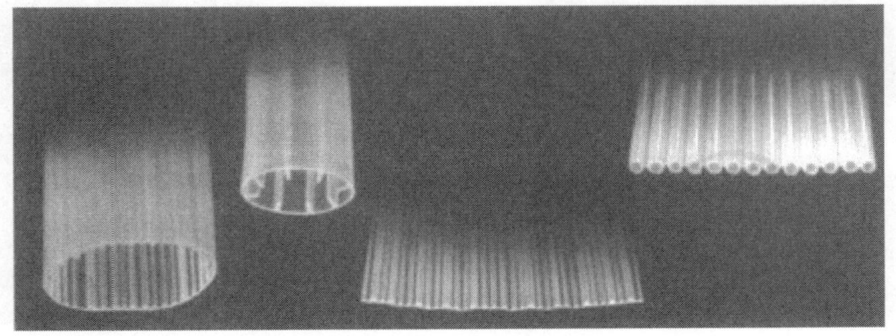

図3.59　ペンローズドレーン

(3) 胸腔留置用チューブ・カテーテル、吸引留置チューブ・カテーテル

・用途

胸部の外科手術後や癌性胸膜炎、膿胸、血胸、気胸等の治療で分泌する体液を排出するために使用します。

開胸手術の最終段階で胸郭内底部に先端側孔部を留置し、後部端を胸郭外に引き出して留置します。

胸腔は大気圧より陰圧に保持されて呼吸によりその圧は変化するため、水封ボトルや胸部排液装置に連結して低圧持続吸引状態で使用します。

・構成・材料

材質としては、PVC、SI、熱可塑性ポリウレタン等によるものがあります。

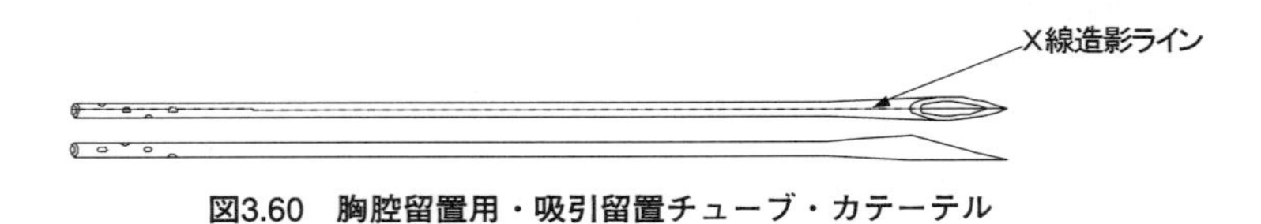

図3.60 胸腔留置用・吸引留置チューブ・カテーテル

・主な滅菌方法

ガンマ線滅菌またはエチレンオキサイドガス滅菌が用いられています。

・備考

1．別名称として、ソラシックカテーテルと呼ばれることもあります。

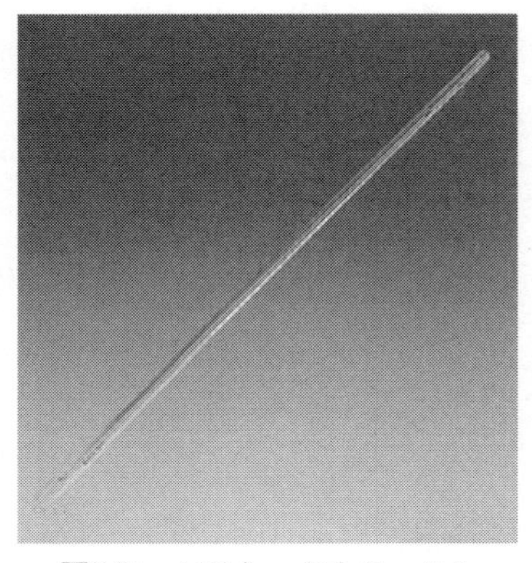

図3.61 ソラシックカテーテル

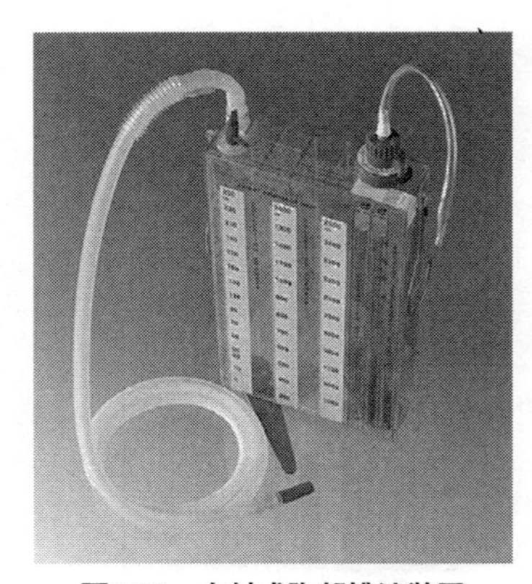

図3.62 水封式胸部排液装置

(4) 低圧吸引器

・用途

開腹手術、乳房切除術や人工関節置換等の手術を行うと、手術後患部に体液が浸出してきます。

このため、患部に多数の側孔を有するチューブを留置し、体外に出したチューブの後端にプラスチック製の蛇腹式吸引器を接続し、持続的に浸出液を排出すます。これにより創部の治癒が促進されます。

なお、吸引には縮んだ蛇腹が伸びる力を利用しており、低圧で吸引できますから、組織の損傷を低減する事ができます。

・備考

1．低圧吸引器には、日本工業規格（JIS）が制定されています。当該JISの番号はT－3215です。

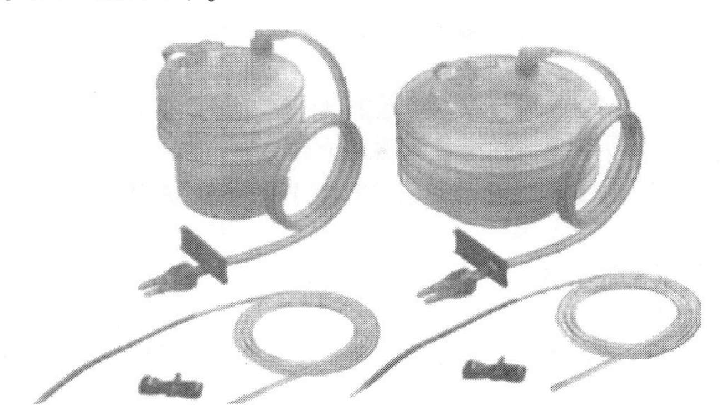

図3.63　低圧吸引器

3.3.9 チューブ・カテーテル周辺の関連器具

チューブ・カテーテル周辺の関連器具には、活栓・アダプタ・コネクタ・延長チューブ・コネクティングチューブなどがあります。

・用途

活栓は注射や輸液等を間欠的に行ったり、複数の薬剤を同一のルートから投与する場合に用います。三方活栓は、輸液の方向を制御するコックがあり、輸液を行いながら一時的に他の薬剤を注入したり、採血を行ったりできます。複数の三方活栓を組み合わせることにより、様々な薬剤を一つのルートから投与することができますので、何本も患者様に針を刺すことなく侵襲を低減

三方活栓

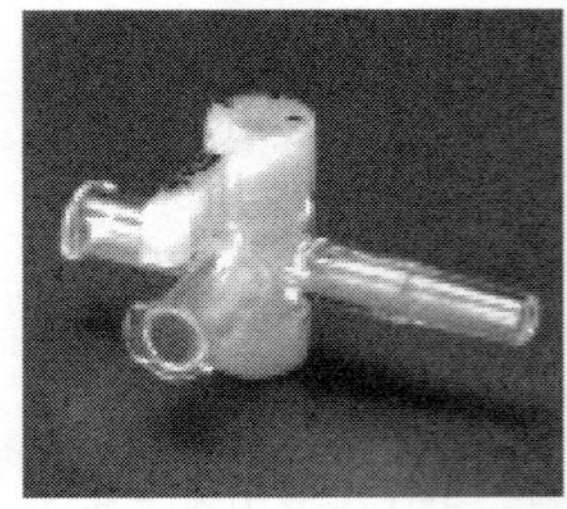

アダプター

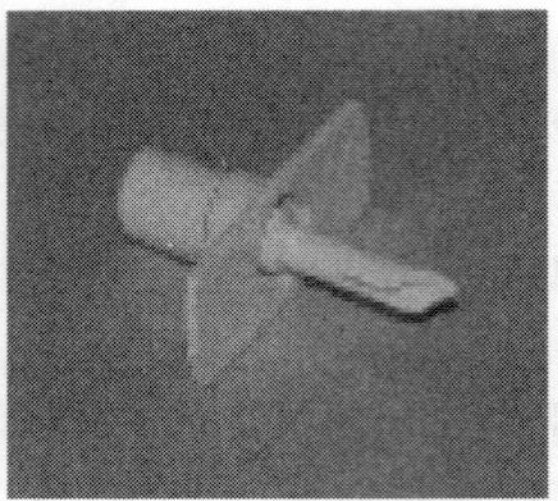

延長チューブ

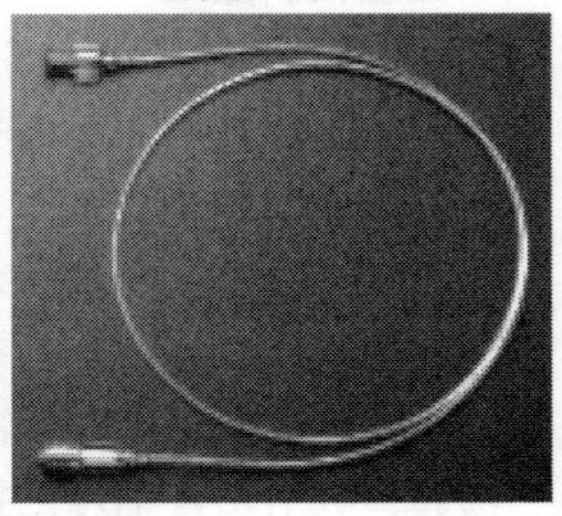

図3.64　チューブ・カテーテル周辺の関連機器

することが可能です。薬剤注入口が閉鎖式になった感染症防止や針刺し事故を目的とした活栓も開発され、使用されています。

アダプタ・コネクタは、医療用具どうしを接続する為に、延長チューブ・コネクティングチューブは、輸液セット等の医療用具を延長する為に用います。

・構成・材料

構成・材料は多岐に渡ります。主な素材はプラスチックとゴムで、材料には以下のようなものがあります。

プラスチック部：PVC、PC、PE、PET、PA、AS、ABS、EVA、PP、PTFE、熱可塑性ポリウレタン等

ゴム部：IR、IIR、NR、SI 等

・主な滅菌方法

ガンマ線滅菌またはエチレンオキサイドガス滅菌が用いられています。

・備考

経腸栄養セットに投与されるべき薬剤等が、誤って輸液セットに投与される事故が発生した為、輸液セットには接続できない経腸栄養セット用の接続部が開発され、使用されています。

3.4　血液浄化

3.4.1　人工腎臓

(1)　透析器（ダイアライザー）

・用途

人間の腎臓は、水分の調節、電解質（Na、K、P、Ca など）の調節、老廃物（尿素、クレアチニン、尿酸素、などの）排泄、ホルモンの分泌、ビタミン D の活性化など色々な働きをします。種々の原因により腎臓本来の働きができな

くなった状態を腎不全状態といい、腎不全患者に対し腎機能の一部を人工的に行なう治療を行ないます。透析器はこの血液透析に用いられます。透析器には平膜型、中空糸(ホローファイバー)型とありますが、現在は圧倒的に中空糸型が多く使われます。また、血液透析治療には血液浄化原理の異なる以下の3種類の治療法があり、血液透析用の血液浄化器は血液透析器、血液濾過器、血液透析濾過器に大別されます。

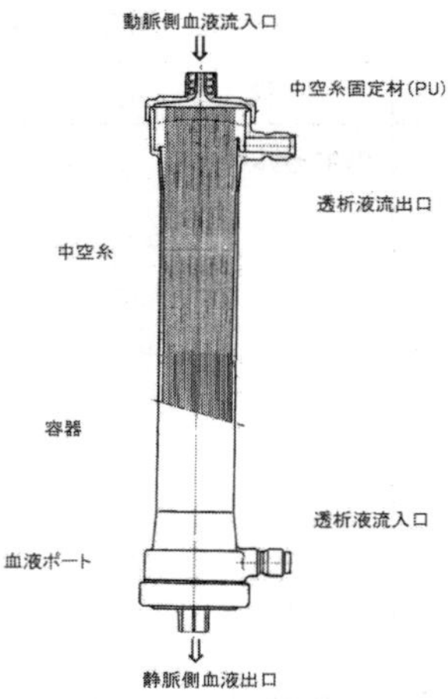

動脈側血液流入口
中空糸固定材(PU)
透析液流出口
中空糸
容器
透析液流入口
血液ポート
静脈側血液出口

図 3.65　中空糸型透析器構造

血液透析

中空糸の外側に透析液を流し、内側を流れている血液との間に働く『拡散』のメカニズムにより不要な物質を除去します。

血液濾過

中空糸の外側に透析液を流さず、内側に流れている血液側に圧力をかけ『濾過』の原理で大量の水と一緒に不要な物質を除去します。この際、濾過器の前又は後に、濾過で除かれた流量に見合う量の補充液を血液中に注入します。

血液透析濾過

血液透析と血液濾過の両方の原理を用いています。

・構成・材料

中空糸型透析器は大きく分けて、血液を流しながら血液中の老廃物を透析液側に物質移動させる中空糸、血液の出入口を持つ血液ポート(PC、PST、PP など)、血液と透析液とを血液の出入口で遮断するポッティング材(PU)、そして、透析液の出入口のついた容器(PC、PST、PP など)から構成されています。血液ポートは血液の入口側、出口側を明示しやすくするために赤、青に着色がされている場合があります。

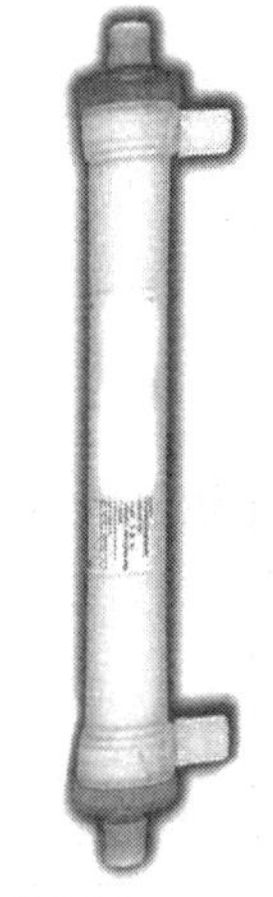

図 3.66
中空糸型透析器

中空糸は、表3.1に詳述したように、再生セルロースなど天然高分子を原料にしたものから、合成高分子を原料にしたものまで数種のものが現在使用されています。中空糸の内径は約200㎛前後で、膜厚は数10㎛の構造をしています。

表 3.1　透析膜に使用される医用高分子とその特徴

	膜種類	原料	特徴及び滅菌法
天然高分子	再生セルロース	天然繊維（綿）	・長期にわたる臨床成績を持ち、安全性が高い ・親水性が高いため、蛋白、血球の付着が少なく、膜の経時劣化が少ない ・機械的強度に優れているため、薄膜化が可能 ・透水性が低いため逆濾過が少ない ・補体※1活性化やロイコペニア※2の問題がある（改質セルロース膜で改善がなされている） ・一般的に中・高分子の除去性能が低い ・滅菌法 ガンマ線滅菌、高圧蒸気滅菌、エチレンオキサイドガス滅菌
	表面改質セルロース	セルロースの膜表面にポリエチレングリコールやフッ素系ポリマー＋ビタミンEを固定化したもの	・セルロース系の有意な点を残しつつ、生体適合性や抗血栓性を向上させている ・膜表面に結合されたポリマーが散漫層（水を含んだ薄い層）を形成し、血球成分が直接膜表面からの刺激を受けないよう工夫されている ・膜表面をさらに滑らかにし、抗血栓性を向上させたものや膜表面にフッ素系ポリマーを固定し、その上にビタミンEを固定した膜がある ・滅菌法 ガンマ線滅菌、高圧蒸気滅菌
	セルロースアセテート	セルロース体3つの水酸基のうち、酢酸基で2つ置換されたものをCDA、3つ置換されたものをCTAと呼ぶ	・膜強度が強く薄膜化が可能で、湿潤時にも膨張しないため拡散性能に優れる ・膜表面にアルブミン単一層を形成するシャープな分画分子量特性を有する ・補体活性化、ロイコペニアが軽度である ・滅菌法 ガンマ線滅菌
合成高分子	ポリスルホン（PSU）	PSUに親水化剤としてポロビニルピロリドン（PVP）を添加している	・中空糸内面に緻密層、外側に多孔性の支持層をもつ非対称構造をもつ ・透水性が高い ・小分子から大分子まで高い透過性能を持つ ・生体適合性に優れている ・滅菌法 ガンマ線滅菌、高圧蒸気滅菌

	膜 種 類	原 料	特徴及び滅菌法
合成高分子	ポリエーテルスルホン（PES）	熱可塑性プラスチック	・PESは疎水性なのでPSU膜と同様にPVPを固定化することで親水化している ・膜構造は二層膜構造と非対称構造をもつ ・他のPS系膜と比較して30 μ mと薄膜化が達成されている ・滅菌法 ガンマ線滅菌
	ポリメチルメタクリレート（PMMA）	アイソタクティック[※3] PMMAとシンジオクタクティック[※4] PMMAを混合している	・蛋白付着量が多く、β_2-MGの吸着量が多い ・薬物によっては吸着する（例：リファンピシン） ・補体活性化、ロイコペニアが軽度である ・透析中の顆粒球エラスターゼの上昇報告がある
	エチレンビニルアルコール共重合体（EVAL）	エチレンと酢酸ビニルを溶液重合して得られた共重合体をケン化して得られる。配合比で性質の異なる中空糸が得られる	・血小板系及び凝固系への影響が少なく、凝固剤を使用しない無凝固剤透析が可能 ・蛋白付着量が少ない ・補体活性化、ロイコペニアが軽度である ・溶質クリアランスが相対的に小さい ・滅菌法 ガンマ線滅菌
	ポリアクリロニトリル（PAN）	主要モノマーである疎水性のアクリロニトリルに少量の親水性モノマーを共重合したもの 〈親水性モノマー〉 メタリルスルホン酸ナトリウム、アクリル酸	・高い透水性を有する ・生体適合性に優れる ・スルホン酸基を有するPANでは陰性荷電が強いため、メシル酸ナファモスタットを吸着する。また、ブラジキニンの産生が増加し、ACE阻害剤との併用ではまれにショック症状を呈する場合がある ・滅菌法 エチレンオキサイドガス滅菌
	ポリエステル系ポリマーアロイ（PEPA）	ポリアリレートとポリエーテルスルホンをブレンドしたもの	・セルロース系膜と比較して生体適合性がよい ・原料のブレンド比率を変化させる事で膜孔径をコントロールする ・β_2-MGなどは基本的に拡散で除去する ・疎水性膜なのでエンドトキシンを吸着除去し、エンドトキシン除去フィルターにも応用される

	膜種類	原料	特徴及び滅菌法
合成高分子	ポリアリルエーテルスルホン（PAES）	ポリアリルエーテルからなる合成膜（親水性高分子であるポリビニルピロリドンを含む）	・多孔質表面層とスポンジ状の内芯層からなる非対称構造をもつ ・ウレタン切断面のコーティング加工によって平滑化し、抗血栓性を向上させている ・膜内表面は親水性と疎水性の微小領域分散構造で蛋白付着量が少ない ・溶質透過性・透水性が高く、補体活性化が少ない ・滅菌法 ガンマ線滅菌

※1：補体：生体が細菌、免疫複合体などの異物の侵入を受けたとき活性化される血液中蛋白成分の一群のことをいう。
※2：ロイコペニア：一過性の白血球減少症
※3：アイソタクティック：主鎖に対して側鎖が同一方向のみに配列されていることをいう。
※4：シンジオタクタクティック：主鎖に対して側鎖が交互方向に配列されていることをいう。

透析器の容器はPSTやPC樹脂などが使われ、内部にある数千本の中空糸に血液が流れる様子が観察されるよう、透明な材料が使用されます。透析器は衝撃にも耐えるように設計されていますが、より安全に使用するためになるべく衝撃を与えないように注意する必要もあります。

(2) その他の人工腎臓用血液浄化器

透析器、血液濾過器、血液透析濾過器以外の人工腎臓用血液浄化器として持続緩徐式血液濾過器及び吸着型血液浄化器（β_2– MG吸着用、腎補助用）があ

表3.2 その他の人工腎臓用血液浄化器

種類	中空糸、吸着剤 材質	特徴等
持続緩徐式血液濾過器	PAN、PMMA、PS	・滅菌法 エチレンオキサイドガス滅菌、ガンマ線滅菌
吸着型血液浄化器	石油系ビーズ状活性炭に血液親和性の優れたポリマーをコーティングしたもの	・腎補助用
	ヘキサデシル基をリガンドとするセルロースビーズ	・β_2-MG吸着用 透析治療時に併用する ・滅菌法 高圧蒸気滅菌

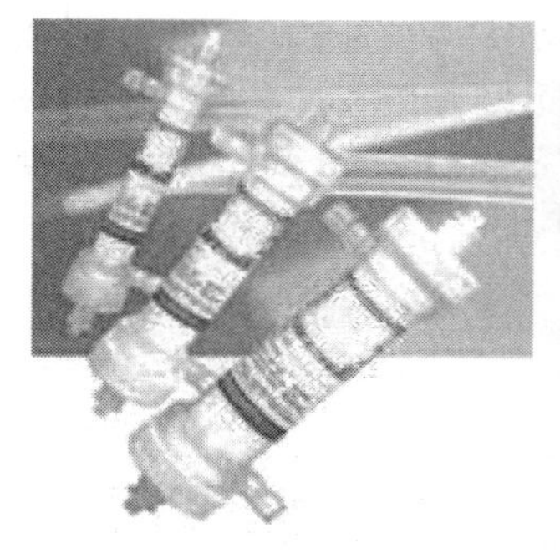
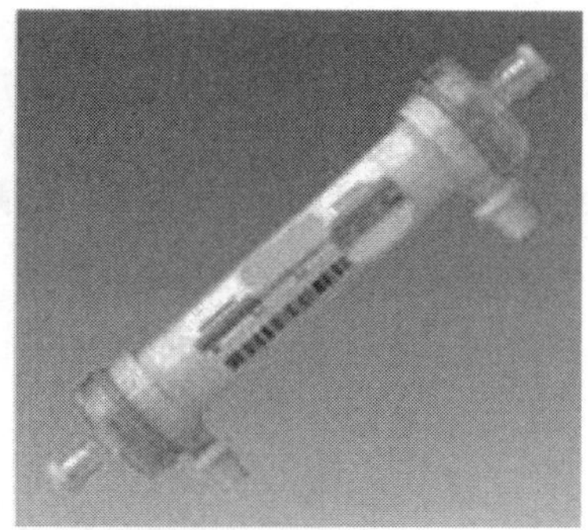

図3.67　持続緩徐式血液濾過器

ります。持続緩徐式血液濾過器は急性腎不全など多臓器不全に陥った患者の腎機能の代替を目的に、長時間ゆっくりとした速度で血液浄化を行うものです。中空糸型透析器と同様の構造を持ち、膜材質も合成高分子の透析器と同様なものが用いられています。吸着型血液浄化器にはβ_2－MGを特異的に吸着することを目的としたものと、急性腎不全の治療の際、尿毒性物質を吸着することを目的としたものがあります。

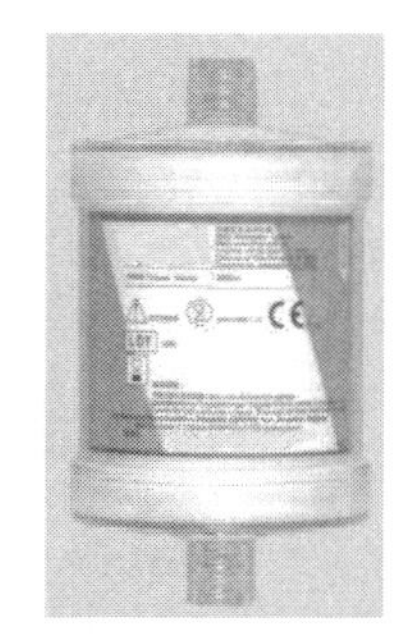

図3.68　吸着型血液浄化器
β_2－MG吸着用、腎補助用

(3)　透析用血液回路（体外循環用血液回路）

・用途

血液透析など体外循環治療を行うために体外に血液を導出し、透析器などの血液浄化器へ血液を送り、処理された血液を体内に返血するために用いられる回路です。

・構成・材料

一般的に動脈側回路と静脈側回路のセットで血液取り出し部、プライミングライン、血液ポンプ部、抗凝固剤注入部、血液浄化器接続部、エアーチャンバー部、返血部より構成されています。血液回路と血液浄化器の接続は脱落防止などの安全性を考慮し規格の標準化が進められ、接続部はルアーロック式のコネクターが使用されています。

血液回路には一般的に塩化ビニル樹脂が用いられます。塩化ビニル樹脂に含まれる可塑剤であるフタル酸エステル類のDOP(ジオクチルフタレート)が最近、内分泌撹乱物質(環境ホルモン)として問題とされるようになり、その代替となる可塑剤も開発されています。

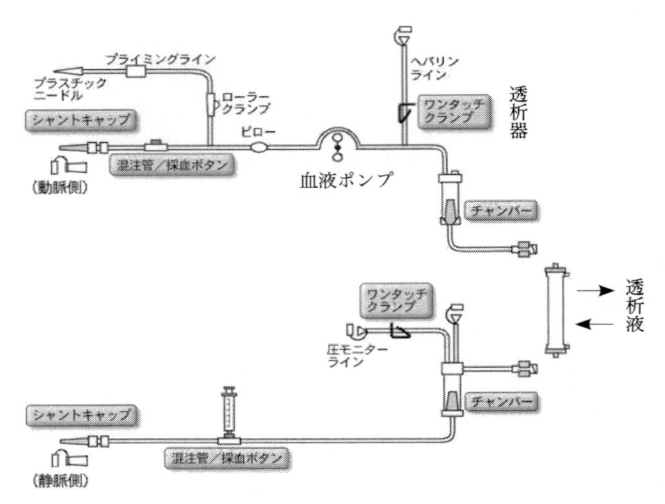

図3.69　透析用血液回路構成

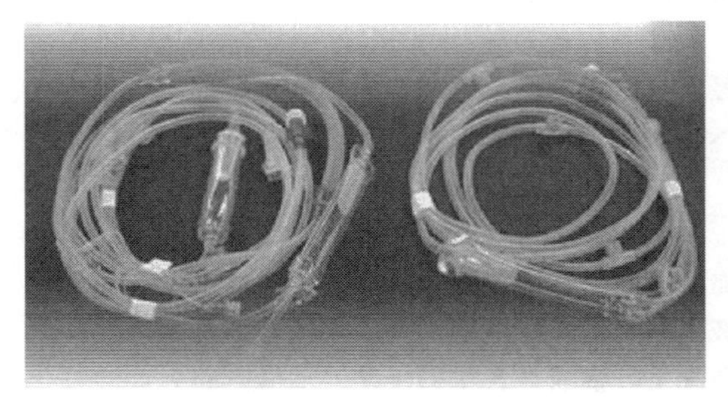

図3.70　血液回路外観

(4) 血管留置カテーテル（一時的）

・用途

人工腎臓（血液透析、血液濾過、血液透析濾過等）の実施を目的に血管内に留置して送脱血を行うために使用するカテーテルです。シングルルーメンとダブルルーメンのものがあります。

・構成・材料

カテーテル：シリコーン、PU、PTFE

カテーテル表面にウロキナーゼ固定化又はヘパリンコーティングがされているものもあります。

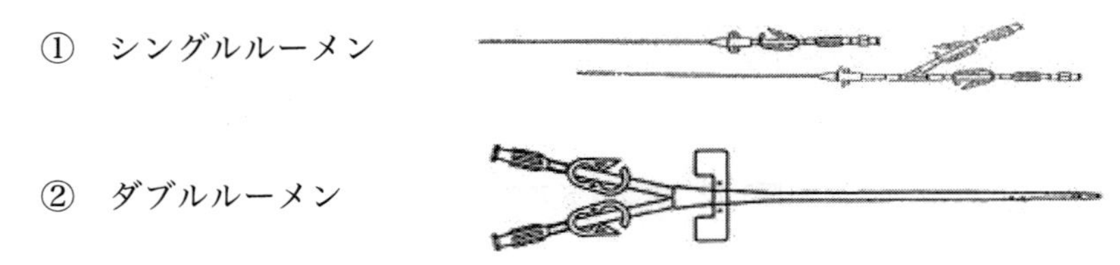

図3.71　血管留置カテーテル外観

(5) 外シャント、内シャント

・用途

血液を体外循環するために血液を採取する場所をブラッドアクセスといいます。ブラッドアクセスの手段として外シャント、内シャントがあります。外シャントはあらかじめ、患者の動静脈の血管にそれぞれチューブを直接接続し、体外へチューブを出しコネクターにより動静脈それぞれのチューブを短絡します。血液浄化時にはコネクターを外し血液回路と接続し血液を体外循環させます。近年ではこの外シャントは合併症の問題などで用いられないようになりました。それに対して、内シャントは動脈と静脈を短絡させ、静脈の血流を増加させ拡張した静脈に穿刺することで血流を確保します。現在ではこの内シャントが主流となっています。

・構成・材料

（外シャント）

ボディーチューブ：シリコーン

ベセルチップ：PTFE

コネクター：PTFE

（内シャント）
自　己　血　管：自己の静脈と動脈を接合する
人　工　血　管：E－PTFE、ダクロン、ポリウレタン

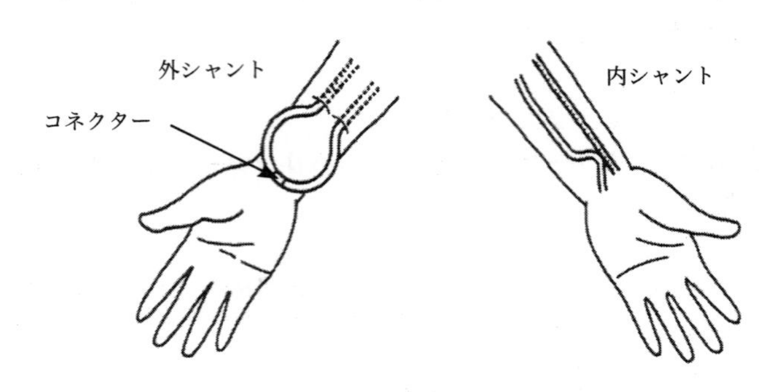

図3.72　ブラッドアクセス（シャント）

3.4.2　血漿交換療法用血液浄化器

血漿交換療法（プラズマフェレーシス）は重篤な肝疾患・膠原病・自己免疫疾患などに対し血液中の蛋白領域に存在する病因物質を体外循環により除去する治療法です。血漿交換療法は単純血漿交換、二重濾過血漿交換、血漿吸着の３つの方法に大別されます。

⑴　単純血漿交換（Plasma Exchange：PE）

・用途

血漿分離器により分離された血漿成分を全て排液し、その排液と同等量の新鮮凍結血漿（FFP）又はアルブミン製剤にて置換する方法です。血漿分離器は中空糸型透析器と同様の構造をしています。

・構成・材料

血漿分離膜としてポリエチレン（PE）の中空糸などが使用されます。

・滅菌方法

ガンマ線滅菌が用いられています。

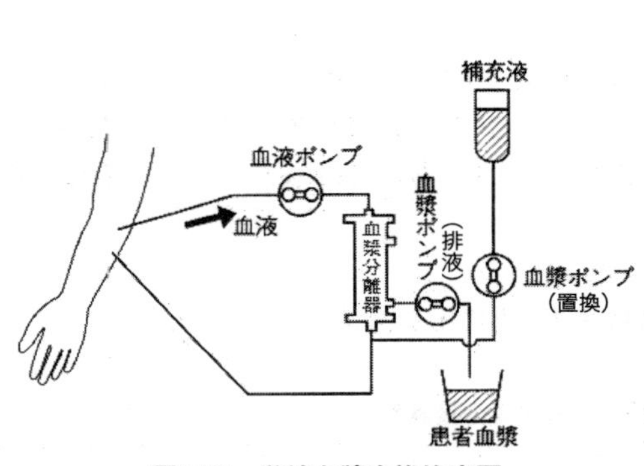

図3.73　単純血漿交換治療図

図3.74　血漿分離器

(2)　二重濾過血漿交換（Double Filtration Plasmapheresis：DFPP）

・用途

血漿分離器により分離された血漿成分をより小さな孔（0.01～0.04μm）を持つ血漿成分分離器に通すことにより大分子量蛋白を除去し、アルブミン等の小分子量蛋白を補液（アルブミン製剤）とともに体内に戻す療法に用います。少量のアルブミン製剤の補液で施行可能で、FFPを使用する単純血漿交換に比べ感染等のリスクが小さいとされています。血漿成分分離器も中空糸型透析器と同様の構造をしています。

・構成・材料

エチレンビニルアルコール共重合体（EVAL）中空糸膜などが使用されています。

・滅菌方法

ガンマ線滅菌が用いられています。

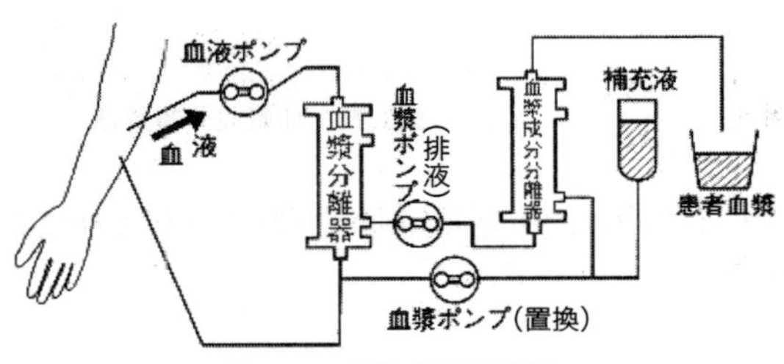

図3.75　血漿成分分離器

図3.76　二重濾過血漿交換治療図

(3) 血漿吸着 (Plasma Adsorption：PA)

・用途

血漿分離器により分離された血漿成分を血漿成分吸着器に通し、選択的に病因物質を除去する方法です。アルブミン等の有用な血漿成分の損失がないので補充液を必要としません。血漿の入口、出口を持つカラム状の容器に吸着剤が充填された構造を持っています。

・構成・材料

血漿成分吸着器の種類及び材料を表3.3に示します。

表3.3　血漿成分吸着器

吸着器の種類	吸着剤材料	滅菌方法
ビリルビン吸着器	スチレン・ジビニルベンゼン系樹脂	高圧蒸気滅菌
免疫吸着器	トリプトファン固定化ポリビニルアルコールゲル、フェニルアラニン固定化ポリビニルアルコールゲル	高圧蒸気滅菌
LDL 吸着器	デキストラン硫酸固定化セルロースゲル	高圧蒸気滅菌
肝性昏睡用、薬物中毒用吸着器	活性炭ビーズ	高圧蒸気滅菌

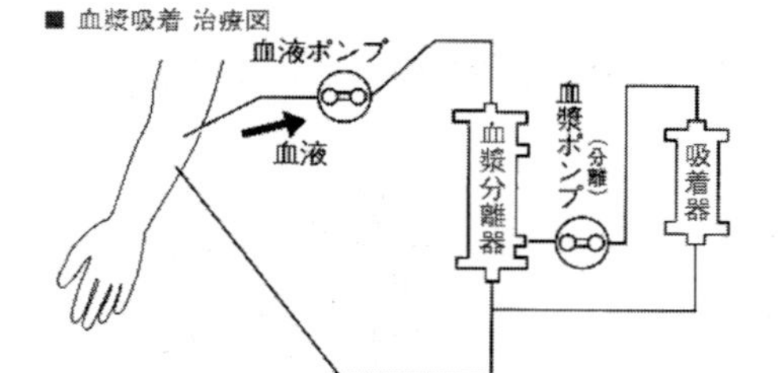

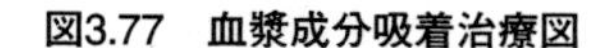
図3.77　血漿成分吸着治療図

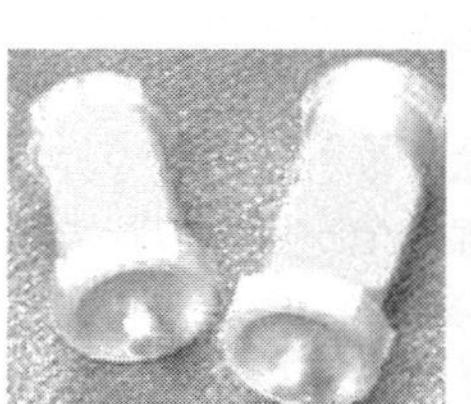
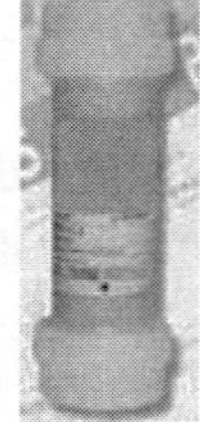

図3.78　血漿成分吸着器

なお、血漿交換療法に使用される血液回路も透析用血液回路と同様な構成を持ち、材質も同様なものが使用されています。

3.4.3　その他の血液浄化器

(1)　肝性昏睡、薬物中毒用

・用途

肝性昏睡や薬物中毒患者の血液を浄化し、救命措置に使用されます。カラム状の容器に吸着剤が充填されており、血液を直接還流することで血液浄化を行います。

・構成・材料

吸着剤は石油ピッチ系ビーズ状活性炭が用いられています。活性炭は、ヒドロキシエチルメタクリレート系重合体ポリマーでコーティングされ、親水性を持たせています。活性炭の微細孔に入り込む100～5,000ダルトンの物質を吸着除去します。

・滅菌方法

高圧蒸気滅菌が用いられています。

図3.79　吸着型血液浄化器（肝性昏睡、薬物中毒用）

(2)　吸着式血液浄化用浄化器（エンドトキシン除去用）

・用途

血液中のエンドトキシンを体外循環によって吸着除去することにより、敗血症性ショックによる不安定な循環動態の改善を図るエンドトキシン吸着用の血液浄化器です。カラム状の容器に繊維状の吸着材が充填されています。

・構成・材料

ポリプロピレンを補強材としたα-クロロアセトアミドメチル化ポリスチレン複合繊維に抗生物質のポリミキシンBを共有結合させた繊維状吸着材

・滅菌方法

高圧蒸気滅菌が用いられています。

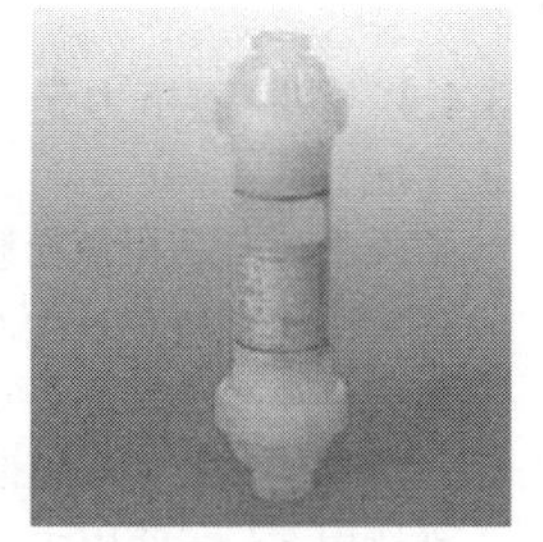

図3.80　吸着式血液浄化用浄化器（エンドトキシン除去用）

(3)　吸着型血液浄化器（血球成分除去療法用）

・用途

潰瘍性大腸炎（UC）や関節リウマチ（RA）など炎症性疾患の治療に使用されます。カラム状容器の中にリンパ球、顆粒球、単球などの白血球細胞を除去する吸着剤が充填されています。リンパ球を含む白血球成分の多くを除去する吸着器を用いた治療をLCAP※1療法（適用UC、RA）、主に顆粒球、単球を除去する治療を GCAP ※2療法（適用 UC）といいます。

・構成・材料

LCAP 吸着剤：PET 極細繊維不織布（0.8〜2.8μm）

GCAP 吸着剤：酢酸セルロースビーズ

・滅菌方法

LCAP：ガンマ線滅菌が用いられています。

GCAP：高圧蒸気滅菌が用いられています。

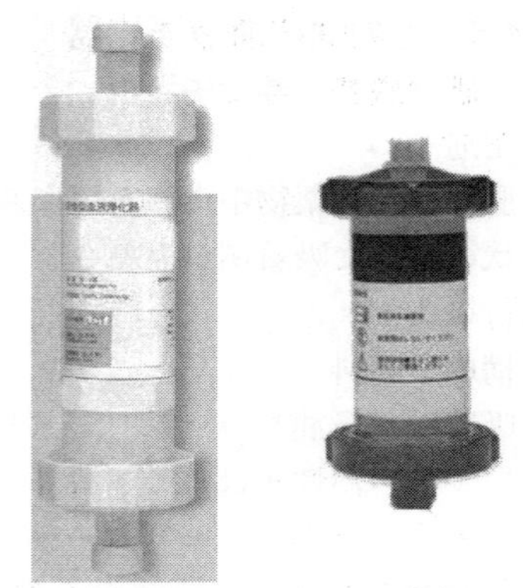
LCAP 療法用　　GCAP 療法用

図3.81　吸着型血液浄化器（血球成分除去療法用）

注１：LCAP：白血球除去療法（Leukocytapheresis）をいいます。

注２：GCAP：顆粒球除去療法（Granulocytapheresis）をいいます。

3.4.4　腹膜透析カテーテル

・用途

腹膜透析で透析液を腹腔内に注入及び排出するカテーテルです。このカテーテルには大きく分けて、急性（緊急）時に使用する短期留置タイプと維持用として使用する PET カフ付き長期留置タイプの２種類があります。

・構成・材料

スタイレット：ステンレス鋼

腹膜透析カテーテル：PA、PE、SI

カフ：PET

・主な滅菌方法

エチレンオキサイドガス滅菌が用いられています。

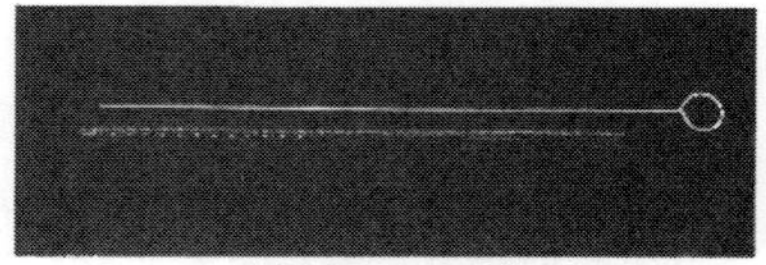
短期急性用（１回使用）

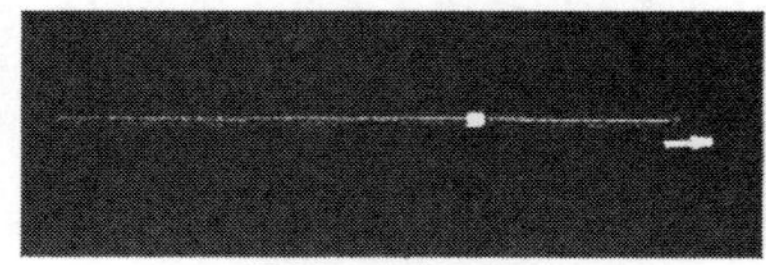
長期維持用（長期埋込使用）

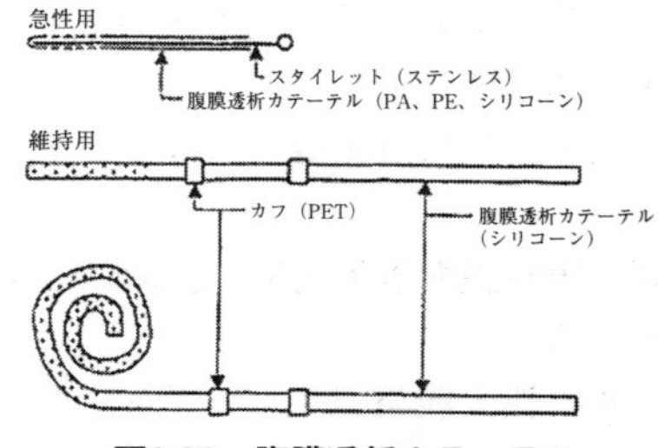

図3.82　腹膜透析カテーテル

3.4.5　腹膜透析用セット

・用途

腹膜透析を行なうとき、腹腔内への透析液の注入及び排出を行なうための回路。手動腹膜透析用のセットと就寝時に装置を使用し腹膜透析を行うときに用いる自動腹膜透析用のセットがあります。

・構成・材料

・材質

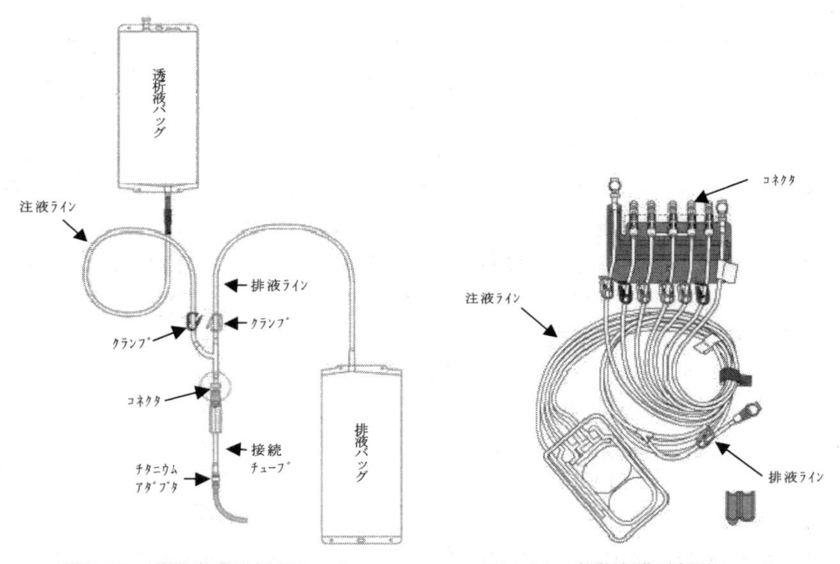

図 3.83　手動腹膜透析用セット　　図 3.84　自動腹膜透析用セット

接続チューブ：SI
注液ライン、排液ライン：PVC、PP 等
コ ネ ク タ：ABS、PC 等
チタニウムアダプタ：チタニウム

・主な滅菌方法

エチレンオキサイドガス滅菌、ガンマ線滅菌または高圧蒸気滅菌が用いられています。

3.5　人工心肺

人工心肺装置を使用して初めて臨床における心臓手術に成功したのは1953年に Gibbon によるものであり、その後わが国においても1956年に臨床における心臓手術に成功し、めまぐるしい進歩を遂げて現在に至っています。本来ですと心臓手術時に体外循環を行う際に使用するものを人工心肺と呼びますが、ここでは人工心肺とは主に心臓手術において体外循環で使用されるものと補助循環で使用されるものとします。

体外循環は開心術等において、心臓、肺血流の遮断中の心臓、肺の働きを一時代行するために、体外に一旦、血液を取り出しガス交換を行った上で全身臓器、組織へ血液を送り込むことをいいます。
その際に使用される人工心肺システムとは静脈血を脱血カニューレにより体外に導き、人工肺で酸素加し、人工心肺装置で動脈血を送血カニューレにて返血します。その際、血液が通る部分が人工心肺回路です。

また、補助循環とは主に心臓機能や呼吸機能をサポートするために行われるもので、主に IABP、PCPS、ECMO 等もあります。

人工心肺で使用されるプラスチック材料製品は、感染症の防止等のためにほとんどが単回使用製品です。以下に代表的な製品をご紹介します。

3.5.1　人工心肺回路

・用途

体外循環時に使用されるものであり、各種パーツの組合せにより構成されます。脱血回路、送血回路、吸引回路、ベント回路、心筋保護液注入回路、血液濃縮回路、脳分離回路等の使用用途に応じて様々な回路がありこれらをま

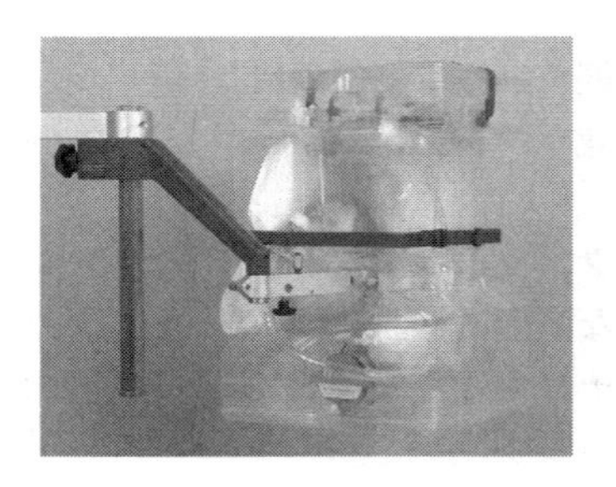

図3.85　人工心肺回路（左は一般回路、右はオールインワン回路）

とめて人工心肺回路といいます。最近では各種回路と貯血槽、人工肺や動脈フィルタ等が予め組み込まれて出荷されているオールインワンタイプもあり、セッティングの簡易化が行える回路もでてきています。

又、血液接触表面にヘパリンコーティング等の処理を行い、血液適合性を向上させたタイプもあります。

・構成・材料

チューブ：PVC、SI

コネクタ、三方活栓等の部品：PVC、PC、PP 等

・主な滅菌方法

エチレンオキサイドガス滅菌が用いられています。

・備考

PVC の可塑剤には DEHP（フタル酸ジ–2–エチルヘキシル）が使用されているものもあり、人工心肺回路については一時的に大量の DEHP に被曝する可能性があるものの、生涯を通じて反復して被曝する可能性は少ないとされています。最近においては DEHP が溶出しない材料を用いたものもあり、患者への安全性をより一層高めています。

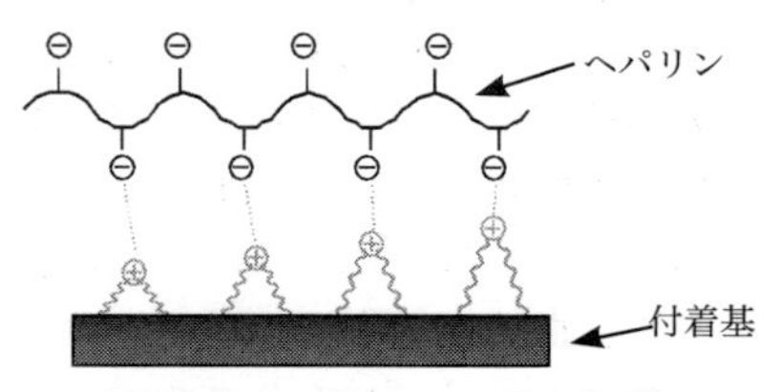

図3.86　ヘパリンコーティング（イオン結合イメージ図）

また、回路部品中の人工心肺用血液フィルタには日本工業規格（JIS）が制定されています。当該 JIS の番号は T –3232です。

3.5.2　人工肺

・用途

人工肺は体外に誘導された静脈血に対して、炭酸ガスを除去し酸素加を行い、肺のガス交換機能を人工的に代行するものです。貯血槽に溜めた静脈血に直接酸素ガスを吹送して酸素加を行う「気泡型肺」と、高分子膜を介して酸素加を行う「膜型肺」とがありますが、血液損傷が小さく、長時間の循環も可能という利点から現在は膜型肺が広く使用されています。

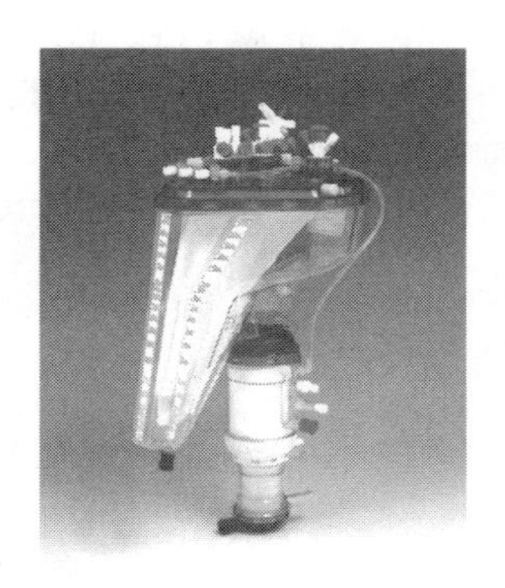

図 3.87　中空糸膜型人工肺

初期の膜型肺は、透析器と同様に中空糸の内部に血液を還流させる方式（内部灌流方式）のみでしたが、ガス交換効率の向上、圧力損失の軽減という観点より、中空糸内部に酸素ガス、中空糸外部に血液を還流させる方式（外部灌流方式）の膜型肺が開発され、臨床で使用されています。

膜型肺には多孔質PP中空糸膜が主に使用されており、膜面の微細孔を介して血液と酸素ガスが表面接触してガス交換が行われます。膜を介してはいるが、血液と酸素ガスが直接接触することにより、高いガス交換能が得られます。血液（血漿）の細孔内への浸入は疎水性PPの界面張力により阻まれるため、血液（血漿）は中空糸外に漏出しません。しかしながら、長時間の使用によるタンパク吸着や水蒸気の凝結で疎水性界面が破壊されると、血漿成分が中空糸外に漏出する現象が生じます。多孔質PPの表面に薄膜化SIをコーティングした複合膜は、PPの高いガス交換能を保持しつつ、長時間使用時の血漿漏出を阻止する上で有用です。

現在市販されている人工肺は、熱交換器と貯血槽が一体化したものが広く使用されています。熱交換器には、ステンレス鋼、PET等が用いられています。また、血液接触面にヘパリンコーティング等の処理を行い、血液適合性を向上させたタイプもあります。

気泡型肺……血液中に直接酸素の細かい泡を流して酸素加を行う。

膜 型 肺……高分子の膜により、血液の酸素加を行う。
膜の素材や灌流方式に各社違いがある。

・構成・材料

ハウジング：PC
中 空 糸 膜：PP、PSU、SI
熱 交 換 器：PC、PET、ステンレス鋼

・主な滅菌方法

エチレンオキサイドガス滅菌が用いられています。

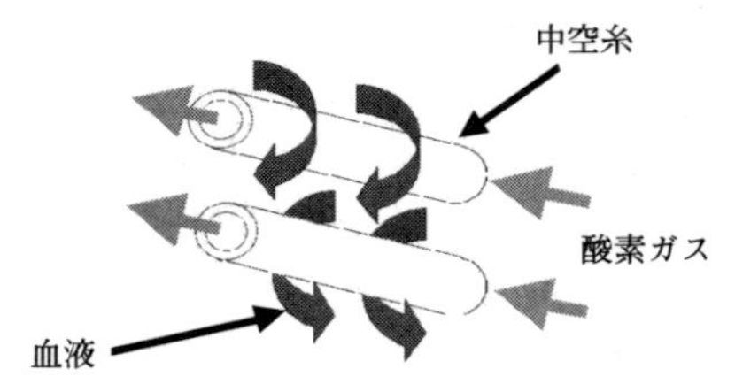

図3.88　中空糸膜外部灌流型人工肺の基本的な酸素加

3.5.3　貯血槽

・用途

体外循環中の脱血回路、吸引回路もしくはベント回路からの血液を濾過・除泡し体外循環血液量の調整を行うために一時的に貯血を行うことを目的とするものです。静脈血貯血槽や心内血貯血槽があり両方を兼用したタイプもあります。最近では兼用したタイプが主に使用されています。視認性を高めるために透明度が高いPCが筐体として使用され、除泡、凝集塊の除去を目的としたフィルタには、ポリエステル等が使用されています。

また、血液接触面にヘパリンコーティング等の処理を行い、血液適合性を向上させたタイプもあります。

・構成・材料

ハウジング：PC

フィルタ：PA、PET

除泡網：PUR

・主な滅菌方法

エチレンオキサイドガス滅菌が用いられています。

・備考

貯血槽には、日本工業規格（JIS）が制定されています。当該JISの番号はT−3231です。

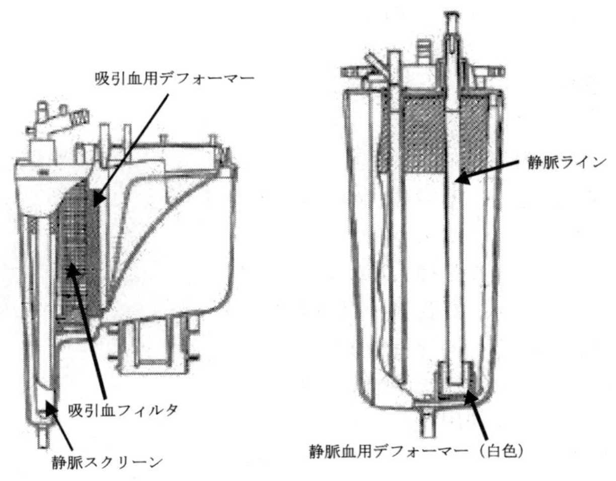

図3.89　貯血槽構造

3.5.4 体外循環用カニューレ

・用途

主に開心術時に体外循環を必要とされる場合に人工心肺回路や人工肺等と一緒に使用される製品であり、大動脈や上行・下行大静脈等の血管や心房・心室へ挿入され、血液や心筋保護液を通過させるために使用します。

心筋保護用カニューレは冠状動脈口や冠状静脈洞へ心筋保護液を供給するために用いるものであり、バルーン付きのものもあります。

また、血液接触面にヘパリンコーティング等の処理を行い、血液適合性を向上させたタイプもあります。

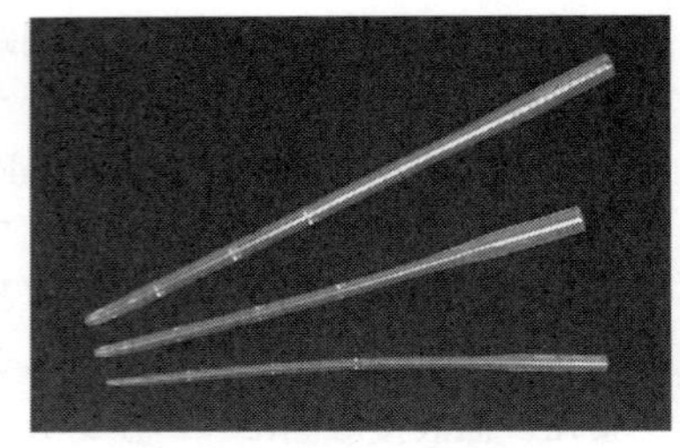

図 3.90 脱血用カニューレ

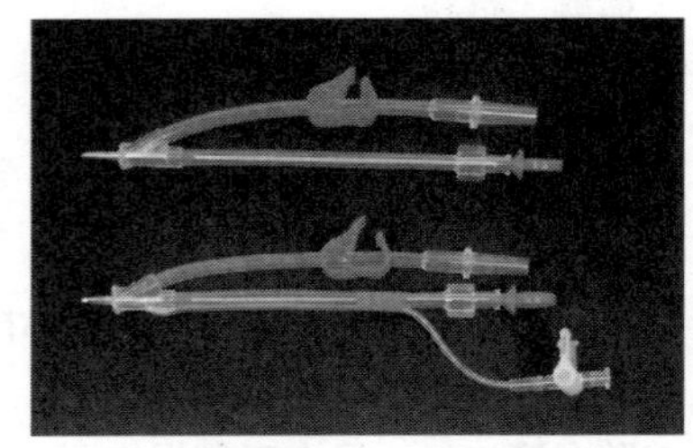

図3.91 心筋保護用カニューレ（順行性用）

・構成・材料

PVC、熱可塑性ポリウレタン、SI、PE、ステンレス鋼

・主な滅菌方法

エチレンオキサイドガス滅菌が用いられています。

3.5.5 IABP

・用途

IABP（大動脈内バルーンパンピング）は体外循環とは違い、心臓補助のために使用されるものです。胸部下行大動脈内にバルーンカテーテルを挿入し、心臓の拍動に合わせバルーンを膨張・収縮することにより、血圧の補助を行います。使用方法が簡便であり、血圧の補助効果が大きいことから広く使用されています。バルーン駆動にはヘリウムガスが使用されています。

図 3.92 IABP カテーテル

IABP の効果

アンローディング効果：左室の拍出期にバルーンを収縮させることで、心仕事量を軽減する。

オギュメンテーション効果：心臓拡張期にバルーンを膨張させることにより拡張期血圧と冠動脈血流量を増加させる。

・構成・材料

熱可塑性ポリウレタン、PVC、PA

・主な滅菌方法

エチレンオキサイドガス滅菌が用いられています。

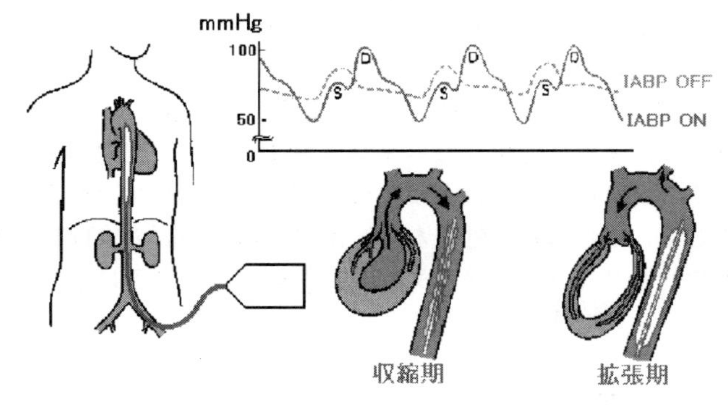

図3.93　IABP バルーンの拡張・縮小イメージ

3.6　インプラント

3.6.1　人工血管

動脈硬化等の疾病の進行により、動脈の一部が詰まったり、あるいは脆弱化したために瘤が発生することがありますが、このような場合に血液の流れを確保し、動脈の壁を補強、あるいは動脈の代わりをする目的のために使用されるものが人工血管です。

一度植え込まれた人工血管は、その血管が新たに詰まった場合でも血流確保のために別の人工血管が植え込まれますので、破損しない限りは患者さんの体内に永久的に移植されるものです。したがって、患者さんの寿命と運命を共にするため、閉塞、破損することなく長期間機能を発揮することが要求されます。

人工血管は、血液が流れる人工の導管ですが、生体の持つ機能が全てあるわけではありませんので、特に細い血管では血液が詰まりやすいため、現在6㎜以上の内径の人工血管が使用されています。具体的な使用部位は、胸部や腹部の大動脈、膝上の下肢動脈で使用されるものに加えて、人工透析の穿刺部位で使用されるものがあります。

材料としては、ポリエステル繊維(PET 繊維)あるいは延伸したポリテトラフルオロエチレン(ePTFE)が主な材料ですが、ポリウレタンも使用され始めています。

⑴ ePTFE 製人工血管

ePTFE で作成した人工血管は、表面の滑らかのため材料表面に血栓が付着しにくいのですが、まったく血栓が生じないわけではありません。PTFE チューブを成形時に急速に延伸加工することにより、チューブ壁面に無数の亀裂を生じさせ、これがミクロなポア(孔)となります。この加工によりひとつには柔軟性が付与され、まげても折れないキンク耐性の高い人工血管となります。さらに術前にこのようにしてあけたポアに抗凝固剤ヘパリンを加えた生理食塩水で満たすことで、ポアは親水性となり、ポアとポアの間の PTFE の疎水性とあいまって理想的な「ミクロドメイン構造」を形成することにより抗血栓性が付与されるというものです。

⑵ PET 製人工血管

PET 製人工血管は、ポリエステル(ポリエチレンテレフタレート)の繊維を、織あるいは編構造の管状体としたものです。ポリエチレンテレフタレートは、種々の医療機器に使用されている材料ですが、特に人工血管としては以前より使用されている材料です。

人工血管として使用される繊維は、通常の織構造あるいは複雑な編構造に作られますが、ePTFE のような管状体としての延伸処理はされていないため、そのままでは屈曲により折れたりつぶれたりするために、これを避ける方法として蛇腹加工(クリンプ加工)が施されています。また、繊維構造のためにそのまま使用すると血液が漏出してしまうので、使用する前に患者さん自身の血液を用いて、網目に血栓を付着させる目詰処理が必要とされていました。この操作をプレクロッティングといいますが、同じ目的のためにプレクロッティングのかわりに人工血管を血液製剤のアルブミンに浸した後にオートクレーブ処理して加熱固定して目詰する方法もあります。さらに、この操作をあらかじめ別の生物由来の材料（コラーゲンやゼラチン、アルブミン等）によりあらかじめ目詰した後に滅菌した、プレクロッティング不要の人工血管もあります。近年では、省力化可能のあらかじめプレクロッティング処理された人工血管が多く使用されていますが、アルブミン処理人工血管については、2003年７月より施行されている、生物由来製品に関わる上乗せ規制の影響のため、現在は販売されておりません。

⑶　その他の人工血管

ePTFE、ポリエステル以外の材料を使用した人工血管としては、ポリウレタンを使用した人工血管があります。これは主に、頻繁に穿針をおこなう透析の内シャントとして使用されています。ポリウレタンの弾性特性により、穿針後の止血を短時間で行い、出血を極力抑える目的で開発されたものです。

また、これはプラスチックではありませんが、ヒト臍帯静脈あるいは動物の動脈を化学架橋処理した人工血管も以前は使用されておりましたが、これらの人工血管も2003年７月の生物由来製品の上乗せ規制以後、販売が中止されております。

3.7　手　袋

3.7.1　手術用手袋

・用途

手術時に使用する手袋（手術用手袋）です。

・構成・材料

主に天然ゴム（ラテックス）を使用していますが、ラテックスアレルギーの患者及び医療関係者用として天然ゴムを使用していない合成ゴム製があります。指先の形状として、指部分が曲がっている曲指タイプと曲がっていない直指タイプがあります。

手袋には装着する際にくっつきを防止する滑材（化学処理したコーンスターチ）が塗布されています。また、内面表面を粗し滑材を使用していない手袋もあります。

天然ゴム製手袋の問題として、ラテックスアレルギーを持つ患者や医療従事者が手袋を着用した場合、蕁麻疹やかゆみなどの症状を生じる場合があります。また、非常に稀ですがアナフィラキシー様症状を生じ重篤に至る場合もあります。

・主な滅菌方法
ガンマ線滅菌が用いられています。
・備考
手術用ゴム手袋には、日本工業規格 (JIS) が制定されています。当該 JIS の番号は T −9107です。

3.7.2　検査検診用手袋

・用途
検査検診時に使用する手袋です。
・構成・材料
天然ゴムやポリ塩化ビニル樹脂が主に使用されていますが、ポリ塩化ビニル樹脂製では DEHP 以外の可塑剤を使用した手袋、または、ポリウレタン製やアクリロニトリル製の手袋もあります。
・主な滅菌方法
ほとんどが未滅菌
・備考
検査検診用手袋には、日本工業規格 (JIS) が制定されています。当該 JIS の番号は天然ゴム製が T −9115、T −9116です。

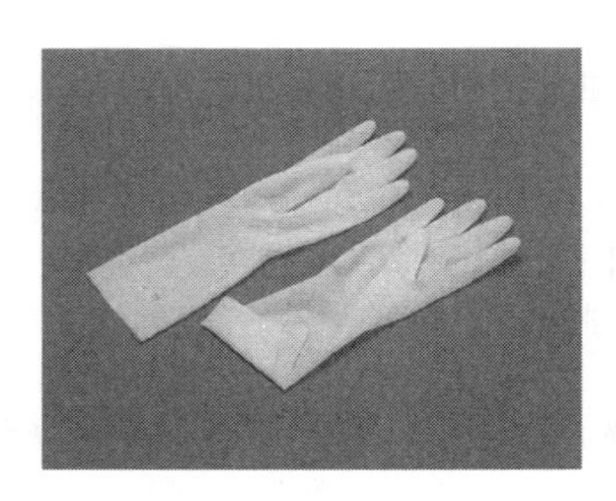

図3.94　手術用手袋

4 滅　菌

4.1 医療機器の滅菌法の種類

医療機器の滅菌には、エチレンオキサイド滅菌、湿熱滅菌及び放射線滅菌が主に用いられています。エチレンオキサイド滅菌はエチレンオキサイド（以下、EO）の酸化還元反応、湿熱滅菌は水蒸気又は熱水の高熱により微生物のDNAを破壊します。放射線滅菌にはふたつの方法があります。放射性同位体であるコバルト（60^{Co}）から放射されるガンマ線を使用したガンマ線滅菌と、電子加速器から放射する電子線を使用する電子滅菌があり、他の滅菌法と同様に微生物のDNAを破壊します。

4.2 滅菌による材料への影響

医療機器の滅菌方法を選ぶためには、滅菌方法が与える材料への影響を次の点について考慮する必要があります。

4.2.1 耐熱性について

特に、湿熱滅菌では100℃以上の温度となるため、その熱に耐えるものであることが必要になります。

4.2.2 物性について

特に、放射線滅菌ではプラスチックのポリマー鎖や分子鎖の結合が破壊され、プラスチックの物性の低下があります。

4.2.3 溶出物について

プラスチックにはポリマー以外に添加剤が含まれています。また、放射線滅菌ではポリマー自体にも影響を与えます。

4.2.4 エチレンオキサイド滅菌残留物について

エチレンオキサイド滅菌は熱によるプラスチックの変形及び物性劣化の影響が少ない滅菌法ですが、EOは強い酸化作用がある他、発ガン性があるため、プラスチックに吸着し滅菌後に残留するEO及びその副生成物であるエチレンクロロヒドリン（以下、ECH）を管理する必要があります。この限度値については、JIS T 0993-7で規定されています。

4.2.5　包装材料について

医療機器は無菌性を保持するために包装をした状態で滅菌します。使用される包装材料もそのほとんどはプラスチックが使用されており滅菌方法を考慮した素材の選定や無菌性の保持の確保（封止）への配慮が必要となります。

4.3　滅菌設備・滅菌工程

医療機器の滅菌を行う滅菌施設や設備、滅菌工程及び滅菌性の保証は、滅菌方法によって異なります。

4.3.1　エチレンオキサイド滅菌

エチレンオキサイド滅菌は、医療機器の滅菌としては最も一般的な滅菌法です。滅菌設備は、滅菌処理を行う気密性を有した滅菌器、EO ガスの気化器や滅菌器の脱気や脱ガス用の真空ポンプ、加湿器などの付帯設備から構成されます。滅菌器は滅菌器内の温度や湿度が均一となる構造になっています。

滅菌工程は、包装済みの医療機器を滅菌器に入れ、「加温」、「脱気（滅菌物及び滅菌器内のエアの除去)」、「加湿」、「EO ガスの注入」、「EO ガスへの曝露」、

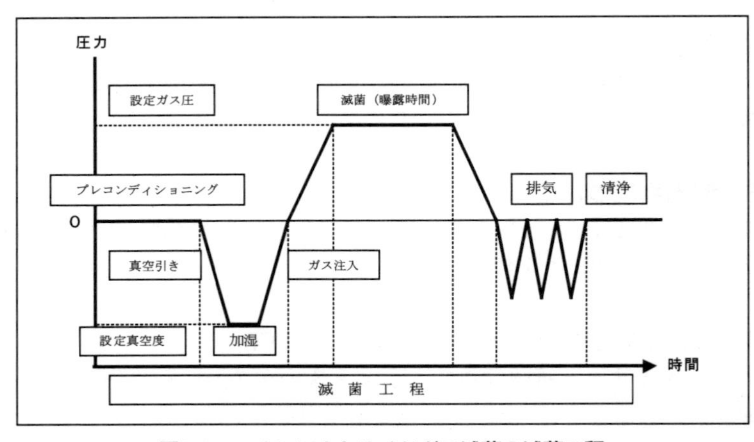

図4.1　エチレンオキサイドガス滅菌の滅菌工程

「EO ガスの排気」、「新鮮エアの注入」の手順で行い、滅菌後は医療機器への滅菌残留物（EO 及び ECH）を規定量以下にするためにエアレーション（ガス抜き）工程を設けます。エチレンオキサイド滅菌の主な管理項目としては、温度、湿度、ガス注入前の真空度、滅菌ガスの濃度・圧力、及び滅菌ガスへの曝露時間などがあげられます。また、他の滅菌方法と異なり、管理するパラメータが多いため、バイオロジカルインジケータを使用することが多いです。

4.3.2　放射線滅菌

放射線滅菌にはガンマ線滅菌と電子線滅菌の２種類がありますが、線源に対し滅菌物が移動して、放射線が滅菌物に均一に照射するような設備となっています。また、放射線が照射室から外部へ出ないように厚い壁や構造が必要となることから、大規模な設備となります。

(1)　ガンマ線滅菌

ガンマ線滅菌は、滅菌物を入れた金属製の大きなボックスなどがガンマ線の線源であるコバルト60の線源の周りを照射量が均一となるように移動し、滅菌物に照射を行います。ガンマ線滅菌の滅菌の判定は通常、設定された線量が照射されたかを、線量計（ドジメータ）で測定します。線量計はプラスチック製で照射量による色調の変化を分光光度計で測定します。

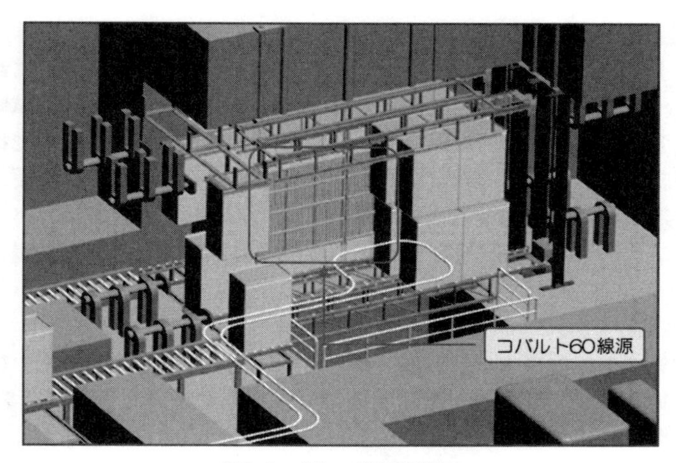

図4.2　ガンマ線滅菌装置

(2) 電子線滅菌

電子線滅菌は、電子加速器から放射される電子線を照射室内で滅菌物に照射します。滅菌物はベルトコンベヤ等に積載され、電子線の照射を受けます。電子線滅菌の特徴は、ガンマ線に比べ照射時間が非常に短い（数秒間程度）点ですが、電子線の透過性が低いため、滅菌物を均一に照射するためには途中で滅菌物を裏返し、両面を照射することが多いです。滅菌の判定は通常、ガンマ線滅菌と同じく線量計による方法です。

4.3.3　湿熱滅菌

湿熱滅菌とは、水による熱（水蒸気や熱水）を利用した滅菌で、水蒸気による滅菌の場合、滅菌設備は、エチレンオキサイドガス滅菌と同じ様に気密性を有した滅菌器、蒸気の供給装置、脱気用の真空ポンプなどの付帯設備で構成されており、滅菌設備が比較的小規模ですむこと、滅菌媒体が水蒸気であり滅菌物の安全性が高いこと、及び環境への影響が小さいことから広く使用されています。滅菌工程は、滅菌物を滅菌器に入れ、「脱気」、「飽和蒸気の注入」、「飽和蒸気への曝露」、「脱蒸気」の手順を行い、製品を滅菌器から取り出します。また、医療機器に付着した水滴や水分を除くために滅菌後に乾燥工程を設けている場合があります。

4.4　無菌性の保証とバリデーション

4.4.1　無菌性の保証

滅菌により無菌性が保証されたかを確認する方法として、医薬品においては、一般的に、製品を直接培養液に入れて微生物の発生を確認する無菌試験が行われていますが、医療機器においては、滅菌パラメータが規定範囲内で推移したことを確認することによる判定である、パラメトリックリリースが要求されています。無菌試験には科学的な意味はありません。EO滅菌では、バイオロジカルインジケータの培養結果を判断基準に加味することも行われる場合が多い。

4.4.2　滅菌バリデーション

微生物集団を滅菌媒体（放射線、熱、EOガス）に曝露させると、微生物は死滅していきます。曝露量が増すと菌は一次反応で死滅し、生存菌数は図4.3に示すように減っていきます。限りなくゼロに近づいていきますが、決してゼロにはなりません。このため、医薬品や医療機器のようなヘルスケア製品で、

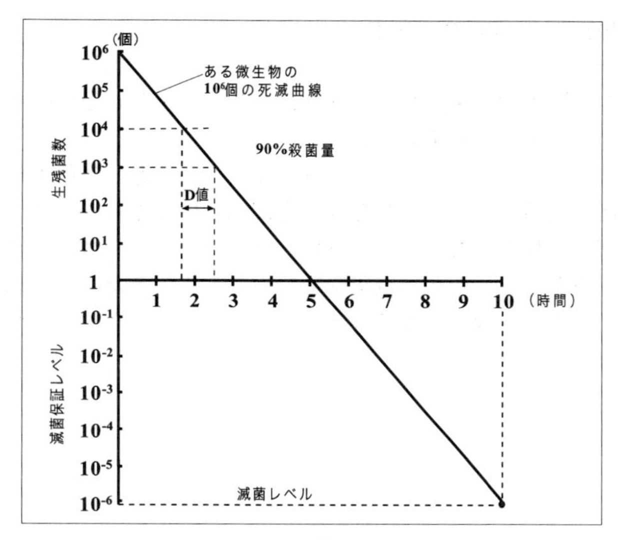

図4.3　滅菌概念図

「無菌」を表示する場合、国際的に菌の生残確率が10^{-6}以下であることが要求されています。これを無菌性保証水準（Sterility Assurance Level：SAL）といい、SAL ≦10^{-6}と表示することになります。このような小さな値を担保するには、直接医療機器を培養する試験ではそのもの自体の無菌性の証明は出来ても、同時に処理された製品の無菌性の保証をすることは不可能です。そこで、滅菌工程をとりまくあらゆること（滅菌器の仕様・性能、滅菌条件、工程管理など）を調べ、科学的に検証し、それらの集積に基づいて無菌性を保証しようとする、いわゆる滅菌バリデーションの考えがでてきました。医療機器の滅菌バリデーションは、国際規格であるISO（国際標準化機構）、国内規格であるJIS及びこれを引用した厚生労働省の基準があります。

日本においては、それぞれの滅菌方法について、国際規格と調和したJIS T 0801-1（EO滅菌）、JIS T 0806-1、2、3（放射線滅菌）及びJIS T 0816-1（湿熱滅菌）が発行され、厚生労働省の滅菌バリデーション基準では、これらのJISに従うことが要求されています。また、滅菌に関連した包装や微生物学的な手法に関するJISも発行されています。

4.4.3　日常管理と有効性の維持

滅菌バリデーションによって確立した滅菌プロセスは、バリデーションによって決定した監視項目を監視・管理し、それが規定した限度範囲で運用されたことを確認し、製品の滅菌判定を行います。

また、バリデートされたプロセス及び製品がその状態で運用されることを確実にするため、装置の保全、測定機器の定期的な校正を行うと共に、プロセス、手順、又は製品に何らかの変更を行う場合は、滅菌プロセスに影響がないかを評価し適切な処置をとるための変更管理を行います。また、不注意な又は気付かない変化が起きていないことを確認するために定期的な再バリデーションも必要となります。

5　医療廃棄物について

5.1　ディスポーザブル医療機器

プラスチック製医療機器は、滅菌の保証、医療従事者の負担軽減のためにプラスチック製医療機器のディスポーザブル化が進んでいます。ディスポーザブル医療機器は滅菌済み医療器として医療機関に納入され、1回の使用で廃棄し、再使用は行いません。ディスポーザブル医療機器の普及に伴い医療廃棄物の排出量は急速に増大し、医療廃棄物をめぐる様々な問題が話題になっています。

5.2　感染性廃棄物処理マニュアル

廃棄物には、事業者に処理責任のある産業廃棄物と市町村に処理責任がある一般廃棄物とがあります。医療機関から医療行為に伴って排出される廃棄物（いわゆる医療廃棄物）も産業廃棄物と一般廃棄物に分けられ、それぞれがさらに特別管理廃棄物である感染性廃棄物と非感染性廃棄物とに分けられます。感染性一般廃棄物と感染性産業廃棄物は、区分しないで収集運搬することができるので、これらを混合して特別管理産業廃棄物（感染性廃棄物）処理業者に委託することができます。

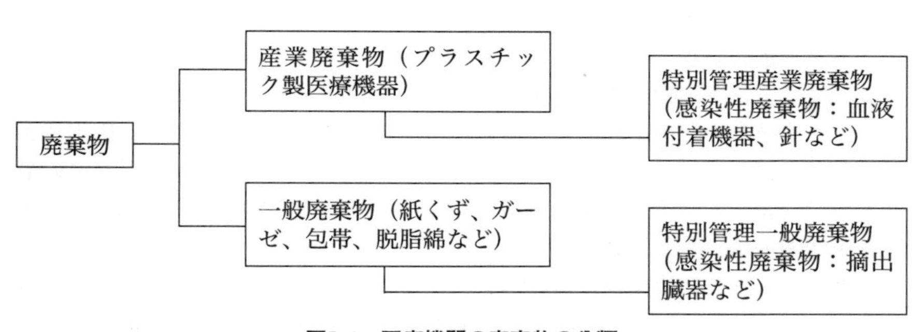

図5.1　医療機関の廃棄物の分類

感染性廃棄物の取扱いに当たっては「廃棄物処理法に基づく感染性廃棄物処理マニュアル」が環境省から発行されており、医療機関並びに感染性廃棄物を取扱う事業者はこのマニュアルに従った管理が求められています。

5.2.1　感染性廃棄物の判断基準

感染性廃棄物か否かの判断は、廃棄物の「形状」、「排出場所」または「感染症の種類」から客観的に判断することを基本とします。

形状としては、血液や体液自体が感染性廃棄物とみなされるほか、血液等が付着した鋭利なものが該当します。医療機器としての注射針、メス、ガラス製品(破損したもの)等については、メカニカルハザードについて十分に配慮する必要があるため、血液等の付着がなくとも、あるいは滅菌によって感染の恐れがなくなった場合でも、感染性廃棄物と同等の取扱いとすることとなっています。

5.2.2　廃棄物の処理

(1)　排出者責任

感染性廃棄物処理マニュアルでは「医療関係機関等は、医療行為等によって生じた廃棄物を自らの責任において適正に処理しなければならない。」と書かれています。医療機関から排出されるプラスチック製医療機器は産業廃棄物であるので、排出事業者(すなわち医療関係機関等)が自らの責任の下で、自ら又は他人に委託して処理しなければなりません。このような排出者責任は収集運搬業者への委託のみならず、最終処分にまで及びます。

(2)　不法投棄の防止

最近では産業廃棄物の不法投棄が大きな社会問題となっています。処理業者による不法投棄などの不適正処理によって環境に大きな損害が生じ、排出者が処理業者に対する注意義務を怠っていた場合には、排出者は原状回復などの措置命令の対象となる場合があります。感染性廃棄物処理マニュアルでは、「医療関係機関等は、委託基準やマニフェストについて法令上の義務を遵守することに加えて、感染性廃棄物が最終処分に至るまでの一連の行程における処理が不適正に行われることがないように、必要な措置を講ずるように努めなければならない。」と明記されています。感染性廃棄物等の処理を委託する場合には、委託基準を満たす処理業者と予め書面による契約を取り交わすことや、実際に廃棄物を引き渡す際には産業廃棄物管理票(マニフェスト)を発行するだけでなく、排出者は不適正処理が行われないよう処理業者に対する注意義務を有します。

⑶　感染性廃棄物の処分

感染性廃棄物処理マニュアルには、

「1　感染性廃棄物は、焼却設備等によって処分しなければならない。2　焼却設備で焼却する場合又は溶融設備で溶融する場合は、梱包されたままの状態で行うものとする。」と記されています。さらに焼却の場合は燃焼ガスの温度が800℃以上で滞留時間が2秒以上などという構造設備基準や、運転管理基準を満たさなければならないことが廃棄物処理法に規定されています。

5.3　在宅医療廃棄物

家庭で酸素療法、注射、透析などを行う在宅医療が患者のQOL(生活の質)向上、医療費抑制等の観点から普及しはじめています。この在宅で行われる医療に伴って排出される廃棄物は在宅医療廃棄物と呼ばれ、しばしば問題になることがあります。

在宅医療廃棄物の処理責任に関しては、衛環第71号(平成10年7月30日)で「在宅医療廃棄物は一般廃棄物である」と記載されていますが、現在多くの市町村では家庭ごみの分別排出ルールとして医療廃棄物は収集しないことにしています。これはインシュリンの自己注射等の針により、収集作業員に針刺し事故が起きることなどが原因しているものと思われます。今後在宅医療の健全な発展を図るためには、在宅医療を支える社会システムの充実が不可欠です。

5.4　プラスチック製医療機器のリサイクル

プラスチック製ディスポーザブル医療機器に対して、

⑴　そのまま製品として再使用すべきである。

⑵　医療機器メーカーが引取り、再度医療機器の原料としてリサイクルすべきである。

等の意見が寄せられることがありますが、⑴については、再滅菌等によるプラスチック材料の劣化や、滅菌保証の問題があります。また、⑵については原料の品質が保証できないことや、感染性廃棄物となったものは容器に入れたまま処理する必要があるため、材質ごとの分別が出来ない等により、医療廃棄物の材料としてのリサイクルは現実には困難です。

5.4.1　感染性廃棄物のリサイクル

取扱いが制約を受ける感染性廃棄物でも、

(1)　焼却時の熱を回収して発電や給湯システムに利用（熱回収）する。

(2)　電炉でくず鉄とともに溶融して廃棄物中の鉄を鉄鋼原料として利用し、溶融スラグを路盤材として利用する。

等のリサイクルが行われています。

参考資料

1．財団法人日本産業廃棄物処理振興センター監修、平成16年３月改訂「廃棄物処理法に基づく感染性廃棄物処理マニュアル」ぎょうせい

2．廃棄物の処理及び清掃に関する法律

3．衛環第71号（平成10年７月30日）厚生省生活衛生局水道環境部環境整備課長通知「在宅医療に伴い排出される廃棄物の適正処理の推進について（通知）」

6　医薬品のプラスチック製医療機器への影響

プラスチック材には薬品により何らかの影響を受けるものが多くあります。プラスチック製医療機器では、その性質を考慮して医薬品や消毒剤などの影響を少ないものを使用してきましたが、医薬品などの開発が進み、プラスチック製医療機器に何らかの影響を与える成分が使用される事例も確認されております。ここでは、最近の医薬品などの影響について事例をいくつか紹介します。

6.1　ポリ塩化ビニルの可塑剤の溶出

ポリ塩化ビニル(PVC)は本来硬いプラスチックですが可塑剤を配合することにより軟質性を持たせ、可塑剤の量を調整することで硬さを変えることが出来るプラスチックです。可塑剤には主にフタル酸ジ(2ーエチルヘキシル)(DEHP)が使用されていますが、DEHPは精巣毒性への影響が懸念されるため厚生労働省から食品製造時のPVC製手袋などに関する通知※1が発出しております。

PVCからのDEHPの溶出は、生理食塩液やブドウ糖液のような水溶性の薬液では非常に低いのですが、脂溶性成分、界面活性剤などの溶解補助剤などの成分を含んだ医薬品などでは多くなり、輸液セットなどではポリ塩化ビニル以外のポリブタジエンなどのプラスチックへの変更、または、可塑剤にトリメリット酸トリス(2‒エチルヘキシル)(TOTM)を使用したPVCを使用するなどの変更を行っております。

また、経鼻から挿入し、胃または腸に留置して栄養剤などを投与する栄養チューブでは、DEHPが溶出しチューブが硬化し変形することもあり、輸液セットと同様にポリブタジエン、ポリウレタンなどのPVC以外のプラスチックが使用されるようになり、また、可塑剤にはTOTMが使用された製品もあります。特に、体重が小さくDEHPの影響を受けやすい小児への使用にはこれらの新しい素材の使用が推奨されております。

※1　衛化第31号(平成12年6月14日)厚生省生活衛生局食品化学課長通知

6.2　三方活栓などのひび割れ

三方活栓の本体部分にはポリカーボネート(PC)が使用されておりますが、PCは油性成分、脂溶性、有機溶剤などの成分が含まれた医薬品を投与中に

PCの分子鎖の間にそれらの成分が入り込み、本体のメステーパー部分にひび割れが生じることがあります。ひび割れが生じるには単に医薬品の成分との接触だけの要因ではなく、三方活栓のメステーパー部に接合するオスコネクタの締め付け具合（押し広げられる力）や、接合時間などによりメステーパー部に強いストレスが加わった場合に生じやすくなります。特に、脂肪乳剤を含有した医薬品では、感染防止の観点から輸液セットや延長チューブを定期的に交換することが推奨されており、三方活栓に側注ラインとして使用している場合は、三方活栓と再接合することで三方活栓のメステーパー部にストレスが繰り返されることがひび割れの発生を助長する要因にもなっております。

ひび割れはPC以外に、ABS（アクリロニトリルーブタジエンースチレン共重合体樹脂）、PMMA（ポリメタクリルメチル樹脂）、PS（ポリスチレン）など一般的に耐薬品性が低いとプラスチックで生じやすく、三方活栓以外のプラスチック製医療機器では輸液セット、延長チューブ、カテーテルなどのメスコネクタ部で発生する可能性があります。また、血液透析の透析針（留置針、AVフィスチュラ）では、消毒剤や局所麻酔剤などを使用して発生することもあります。

ひび割れを生じることが知られる医薬品や消毒剤に使用されている添加剤成分は、脂肪乳剤、ポリオキシエチレン硬化ヒマシ油、ポリソルベート、エチレンジアミン、アルコールなどが含まれたもので多く、医薬品の添付文書にひび割れに関する使用上の注意が記載されている場合があります。

6.3　薬剤の吸着

PVCチューブの輸液セットなどを用いてニトログリセリンなどの薬剤を投与した場合、薬剤成分が吸着し所定の用量が投与されないという問題が知られています。吸着しやすい薬剤を投与するための輸液セットのチューブには、ポリブタジエン、ポリエチレン、ポリスチレンなどのプラスチックが使用されています。

7　医療機器に係る法規制

医療機器は「医薬品、医療機器等の品質、有効性及び安全性の確保等に関する法律（医薬品医療機器法）」によって規制されています。

この法律は以下に定められているとおり、医療機器の設計開発から製造、流通、市販後安全管理に至るまでこの法律に従い医療機器製品の品質、有効性及び安全性を確保することを目的としています。

（目的）
第１条　この法律は、医薬品、医薬部外品、化粧品、医療機器及び再生医療等製品（以下「医薬品等」という。）の品質、有効性及び安全性の確保並びにこれらの使用による保健衛生上の危害の発生及び拡大の防止のために必要な規制を行うとともに、指定薬物の規制に関する措置を講ずるほか、医療上特にその必要性が高い医薬品、医療機器及び再生医療等製品の研究開発の促進のために必要な措置を講ずることにより、保健衛生の向上を図ることを目的とする。

プラスチック製医療機器の製品化を行う場合、その材料特性に応じ安全性、有効性、性能が検証され、厚生労働大臣による承認、または民間の認証機関による認証を得ることで製造販売を行うことができます。

また、市販後においてもあるプラスチック製の医療機器が特定の医薬品と併用することでクラックが生じ、薬液が漏れるなど安全性上の問題が発生した事例があります。設計開発段階では想定されなかった安全性上の問題であっても市販後の安全性情報を管理することによって問題を拾い上げ、改良改善することで安全な医療機器として使用することを考える必要があります。

ライフサイクルマネジメント

医療機器の設計開発から製造、販売、市販後安全管理、改良改善と製品のライフサイクルに応じプラスチック製医療機器の有効性、安全性を確保することが重要です。

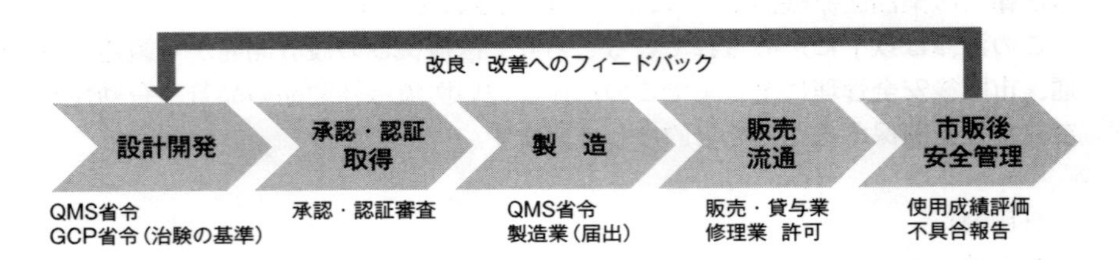

8　プラスチック製医療機器等に係るJIS規格

プラスチック製のみならず、金属を使った医療機器においても認証によって製造販売ができる医療機器には認証基準が規定されています。認証基準には日本工業規格（JIS）に定める製品規格に適合する必要があります。一部承認を有する医療機器にも技術基準としてJIS規格が採用されている場合もあります。日本医療機器テクノロジー協会では担当する分野の製品のJIS規格の原案作成団体として多くのJIS規格の制定に携わっています。製品に固有な規格の他にも多くの医療機器共通に適用される規格も含まれます。以下に当協会が制定に携わっているJIS規格の一覧を示します。

連番	JIS番号	標題
1	JIS T 0601-2-16	医用電気機器－第2－16部：人工腎臓装置の基礎安全及び基本性能に関する個別要求事項 Medical electrical equipment -- Part 2-16: Particular requirements for the basic safety and essential performance of haemodialysis, haemodiafiltration and haemofiltration equipment
2	JIS T 0601-2-39	医用電気機器－第2－39部：自動腹膜かん（灌）流用装置の基礎安全及び基本性能に関する個別要求事項 Medical electrical equipment -- Part 2-39: Particular requirements for basic safety and essential performance of peritoneal dialysis equipment
3	JIS T 0993-1	医療機器の生物学的評価－第1部：リスクマネジメントプロセスにおける評価及び試験 Biological evaluation of medical devices -- Part 1: Evaluation and testing within a risk management process
4	JIS T 0993-7	医療機器の生物学的評価－第7部：エチレンオキサイド滅菌残留物 Biological evaluation of medical devices -- Part 7: Ethylene oxide sterilization residuals
5	JIS T 1704	人工心肺用熱交換器 Heat exchanger for heart-lung bypass
6	JIS T 3209	滅菌済み注射針 Sterile injection needles
7	JIS T 3210	滅菌済み注射筒 Sterile injection syringes

8	JIS T 3211	滅菌済み輸液セット Sterile infusion administration set
9	JIS T 3212	滅菌済み輸血セット Sterile blood transfusion set
10	JIS T 3213	栄養用チューブ及びカテーテル Enteral feeding catheters and enteral giving sets
11	JIS T 3214	ぼうこう（膀胱）留置用カテーテル Urethral catheters
12	JIS T 3215	体内留置排液用チューブ及びカテーテル Drainage catheters and accessory devices
13	JIS T 3216	腎ろう（瘻）又はぼうこうろう（膀胱瘻）カテーテル Tubes and catheters for nephrostomy and cystostomy
14	JIS T 3217	血液成分分離バッグ Plastic collapsible containers for human blood and blood components
15	JIS T 3218	中心静脈用カテーテル Central venous catheters
16	JIS T 3219	滅菌済み輸液フィルタ Sterile infusion filter
17	JIS T 3220	滅菌済み採血用針 Sterile blood collection needles
18	JIS T 3221	単回使用ポート用針 Single-use needle for infusion port
19	JIS T 3222	滅菌済み翼付針 Sterile winged intravenous devices
20	JIS T 3223	末しょう（梢）血管用滅菌済み留置針 Sterile, single-use intravascular catheters over-needle peripheral catheters
21	JIS T 3224	滅菌済みシリンジフィルタ Sterile syringe filter
22	JIS T 3225	滅菌済み輸血フィルタセット Sterile transfusion filter
23	JIS T 3226-1	注射針を使用する医療用注入システム—第１部：注射針を使用する注入システム—要求事項及びその試験方法 Needle-based injection systems for medical use -- Part 1: Needle-based injection systems -- Requirements and test methods
24	JIS T 3226-2	注射針を使用する医療用注入システム—第２部：注射針—要求事項及びその試験方法 Needle-based injection systems for medical use -- Part 2: Needles -- Requirements and test methods

25	JIS T 3228	生体組織採取用生検針 Biopsy needles for single use
26	JIS T 3229	腹くう(腔)及び臓器用せん(穿)刺針 Single use puncture needle for internal organs and abdominal cavity
27	JIS T 3230	人工肺 Oxygenators
28	JIS T 3231	人工心肺回路用貯血槽 Hard-shell cardiotomy/venous reservoir systems (with/without filter) and soft venous reservoir bags
29	JIS T 3232	人工心肺回路用血液フィルタ Blood filters for cardiopulmonary bypass systems
30	JIS T 3233	真空採血管 Evacuated single-use containers for venous blood specimen collection
31	JIS T 3234	内視鏡固定用バルーン Endoscopic balloon
32	JIS T 3235	内視鏡用せん(穿)刺針 Endoscope puncture needle
33	JIS T 3236	胃・食道静脈りゅう(瘤)圧迫止血用チューブ Styptic balloon
34	JIS T 3237	胃・食道静脈りゅう(瘤)結さつ(紮)用治療器具 Sterile devices of endoscopic variceal ligation for single use
35	JIS T 3238	吸引し(嘴)管 Sterile devices of suction tip
36	JIS T 3239	胃食道ドレナージ用カテーテル Catheters for drainage use in the stomach and esophagus
37	JIS T 3240	下部消化管用カテーテル及びチューブ The catheters and tubes for lower intestinal tracts
38	JIS T 3241	内視鏡用オーバチューブ Sterile over tube for single use
39	JIS T 3242	非血管用ガイドワイヤ The guide wire for non-vascular use
40	JIS T 3243	胆道用チューブ及びカテーテル Catheters and tubes designed for the biliary tract
41	JIS T 3244	尿路結石・異物除去用カテーテル Urinary stone and foreign object extractor and forceps
42	JIS T 3245	配偶子・はい(胚)移植用チューブ及びカテーテル Tubes and catheters designed for gamete or embryo transfers

43	JIS T 3246	造影用カテーテル(非血管用) Catheters designed for injection of contrast media (Non-vascular use)
44	JIS T 3247	尿管用カテーテル及びイントロデューサキット並びに尿道拡張用バルーンカテーテル Catheters and introducer kits designed for ureter, and uretheral dilatation balloon catheters
45	JIS T 3248	透析用血液回路 Extracorporeal blood circuit
46	JIS T 3249	血液透析用留置針 Sterile indwelling cannulas with needle and catheter for hemodialysis
47	JIS T 3250	血液透析器，血液透析ろ(濾)過器，血液ろ(濾)過器及び血液濃縮器 Haemodialysers, haemodiafilters, haemofilters and haemoconcentrators
48	JIS T 3252	血管造影用活栓，チューブ及び附属品 Stopcocks, tubes and accessories for angiography
49	JIS T 3253	インスリン皮下投与用注射筒 Sterile single-use syringes, with or without needle, for insulin
50	JIS T 3254	血液ガス検体採取用注射筒 Single-use syringes for blood gas specimen collection
51	JIS T 3256	インスリンポンプ用輸液セット Infusion set for insulin pump
52	JIS T 3257	単回使用自動ランセット Single use automatic lancets
53	JIS T 3258	硬膜外麻酔用カテーテル Sterile epidural catheters for single use
54	JIS T 3259	オブチュレータ Sterile obturators for single use
55	JIS T 3260	カテーテル拡張器 Dilators
56	JIS T 3261	滅菌済みカテーテルイントロデューサ Sterile single-use catheter introducers
57	JIS T 3262	イントロデューサ針 Introducer needles and introducer catheters
58	JIS T 3263	血管カテーテル用Ｙ－コネクタ Y-connectors for intravascular catheters
59	JIS T 3264	経腸栄養延長チューブ Extension tubes for enteral feeding for single use

60　JIS T 3265　滅菌済み延長チューブ
Sterile extension tubes for single use

61　JIS T 3267　血管用ガイドワイヤ
The guide wire for intravascular use

62　JIS T 3268　単回使用滅菌済み血管内カテーテル
Sterile, single-use intravascular catheters

63　JIS T 3269　胆すい(膵)管用ステント及びドレナージカテーテル
Stents and drainage catheters for biliary and pancreatic ducts

64　JIS T 3270　長期使用尿管用チューブステント
Ureteral tube stents for long-term use

65　JIS T 3304　硬膜外針
Sterile epidural needles for single use

66　JIS T 3305　造影剤注入用針
Injection needle for contrast medium

67　JIS T 3306　神経ブロック針
Nerve block needles for single use

68　JIS T 3307　滅菌済み胆管造影用針
Sterile percutaneous transhepatic cholangiographic needle

69　JIS T 3308　せき(脊)髄くも膜下麻酔針
Sterile single-use needles for spinal anesthesia

70　JIS T 3320　滅菌済み活栓
Sterile stopcocks for single use

71　JIS T 3321　誘導針
Guiding needles

72　JIS T 3322　滅菌済み硬膜外麻酔用フィルタ
Sterile single use anesthesia filters for use with epidural catheter

73　JIS T 3323　圧トランスデューサ
Pressure transducers

74　JIS T 3324　単回使用静脈ライン用マノメータセット
Intravenous manometer for single use

75　JIS T 3351　圧力モニタリング用チューブセット
Tubing set for pressure monitoring

76　JIS T 6130　歯科用注射針
Sterile dental injection needles for single use

77　JIS T 0402　冠動脈ステントの耐久性試験方法
Durability testing method for coronary artery stent

9　プラスチック製医療機器の将来

医薬品が主として薬学、バイオテクノロジー、生物学及び化学をベースとして開発・製造されているのに対して、医療機器はこれらの科学領域に加えて、高分子化学、IT 技術などあらゆる科学技術領域が応用されているといえます。

また、医療機器は「より安全で、より優れた医療機器をより早く、患者に提供する。」ためにも、新医療機器の開発は勿論のこと、日々の改良・改善が求められています。

従って、医療の分野では、最近の科学技術の進歩を受けて、より高度な医療機器（医療技術）及びより改良・改善された医療機器が次々と導入されています。

最近、新医療機器として新たに承認された品目の中には、

① 狭窄を防ぐ目的で医薬品をコーティングした「冠動脈ステント」

② 患者がカプセルを嚥下（飲み込む）する超小型の「カプセル型電子内視鏡システム」

③ 患者自身の表皮細胞由来の再生医療皮膚である「整形外科用手術材料」

などがあり、従来からの診断・治療・予防といった各医療分野の進歩・発展に貢献しています。

さらには、大流行が懸念されている「新型インフルエンザ」対策の一環であるワクチン接種にもプラスチック製注射筒（予防接種用シリンジ）が使用されています。

一方、有効性・安全性及び操作性などを改良・改善した医療機器は枚挙にいとまがありません。

さて、10年後の医療はどのように変化していくかを推測してみたい。

〈予測される10年後の疾病構造〉

高齢化の進行に伴い、高齢者特有の疾患が増大する。例えば、脳血管などの「循環器系疾患」、糖尿病などの「内分泌疾患」、骨粗鬆（しょう）症などの「筋骨格系疾患」及び「ガン疾患」などの増加が予測されます。

〈医療ニーズ（患者ニーズ・社会的ニーズ）の変化〉

高齢化の進行やそれに伴う疾病構造の変化により、医療ニーズは変革期をむかえるものと考えられます。

〈予測される10年後の医療〉

健全な高齢化社会の実現や高齢者医療費の抑制のためにも、予防医療及び早期発見・早期治療がより重要なキーワードとなるものと考えられます。また、総合的な科学技術の進歩により、低侵襲治療や緩和ケアの高度化及び再生医療・遺伝子治療などもごく一般的な治療となっているかもしれません。

一方、在宅医療はIT技術の一層の進歩によって、遠隔モニタリングシステムや簡易操作型医療機器の導入が日常的になっているかもしれません。

〈医療法・薬事法等の一部改正を要する場合も〉

更には、医薬品と医療機器との組合せは勿論のこと、再生医療と従来の医療機器との組合せや遺伝子治療と従来の医療機器との組み合わせなど、あらゆる複合医療技術が予防・診断・治療の各分野で応用されているかもしれません。

10年後のプラスチック製医療機器の将来（特に当協会関連の医療機器の将来）は、前述の医療環境の変化に対応しつつ、わが国独自の優れた品質管理技術や、匠の世界を含む精密機械やナノテクなどの優れたものづくりの技術と新たにヒトの皮膚細胞からさまざまな臓器細胞に分化する能力を有する「万能細胞（iPS細胞）技術」が融合した新たな発展をとげているものと確信しています。

10　(一社) 日本医療機器テクノロジー協会 (略称：MTJAPAN) の歩み

【沿革】

1967年プラスチック製医療機器メーカー14社によって「医療用プラスチック懇談会」が設立されました。当時の医療機器の主製品は、注射器具、輸血・輸液セット、血液バッグ等でした。血液透析療法の開発・普及により中空糸型透析器等製品も次第に拡大したことにより、1980年に「日本医療用プラスチック協会」と改称しました。その後、人工関節、セラミック人工骨等を扱う会員が増え、1990年に「日本医療器材協会」と改称しました。1979年には人工臓器の学術的な要請に応えて、研究開発に努めることを目標に「日本人工臓器工業協会」が設立され、両団体ともそれぞれの活動で成果をあげました。しかし、近年の医療機器業界を取り巻く環境の変化にともない、業界として対応する必要から2000年11月17日、日本医療器材協会と日本人工臓器工業協会が合併して、会員数が200社を超え、会員の総売上高が約1兆円となる「日本医療器材工業会」(医器工) が誕生しました。さらに現在は、政府の日本再興戦略において、日本経済の牽引役として医療機器産業には大きな期待が寄せられています。

そこで、医器工は社会的使命と責任をより明確にするために2013年10月1日付で、新たに「一般社団法人日本医療機器テクノロジー協会」(略称：MTJAPAN) として発足しました。

【事業活動】

本会は、安全でかつより革新的な医療機器テクノロジー (医療機器、医療材料、再生医療、ICT、医療用ソフトウェア、医療システム等) を速やかに提供することにより、日本をはじめ世界の医療の質の向上と日本の医療機器テクノロジー産業の振興に貢献することを目的とし、主として次のような活動を行っています。

1．医療機器テクノロジーの開発、普及に関すること。
2．医療機器テクノロジーの品質・機能の向上、安全性の確保、規格・基準の設定、安定供給等に関すること。
3．国内外の政策に対する国政等への提言、協議に関すること。
4．国民、患者、医療従事者、行政等への医療機器テクノロジーの理解促進に関すること。

5．情報提供、講習、研修、展示等に関すること。

6．各種統計、内外資料の収集および調査研究等に関すること。

7．会誌および図書の発行に関すること。

【活動紹介】

(一社) 日本医療機器テクノロジー協会の活動は13の部会と14の委員会が中心となっています。部会は医療機器の基準や日本工業規格 (JIS) や安全性などを個別の医療機器ごとに検討しています。委員会には薬機法等の法規、特定保険医療材料の機能区分、流通等の制度を専門的に検討する委員会の他、産業戦略、広報・教育、統計調査等を行う委員会があります。

□講習会・研修会・説明会

会員会社の実務者を対象にした薬機法関連等の説明会、企業倫理セミナー等の実施、および厚生労働省の登録機関として、医療機器販売業・修理業の継続的研修を実施しています。

□グローバルな活動

ISO の4つの Technical Committee の国内審議団体として、国際会議に出席し活発な意見交換や情報入手をしています。

・ISO/TC76 (輸血・輸液器具類等の標準化)

・ISO/TC84 (注射器具等の標準化)

・ISO/TC150 (人工肺、外科用インプラント機器等の標準化)

・ISO/TC194 (医療機器の生物学的評価の標準化)

□出版物の発行

特定保険医療材料 (医療機器) の使用目的・方法や手技料、償還価格等をまとめた「特定保険医療材料ガイドブック」や滅菌医療機器のプラスチック材や特性を記載した「プラスチック製医療機器入門」等を編纂しています。

□医療機器技術マッチングサイトの運営

MTJAPAN ホームページ内の医療機器技術マッチングサイトで、一般の企業や大学・研究機関が保有する製品・技術・PR 情報をホームページに登録頂くことで、本会会員企業と異分野企業との連携や異分野企業の医療機器産業への参入促進を図ることを目的に運営しています。⇒ http://www.mtjapan.or.jp/jp/matching/

【取り扱い製品群】

本会の会員会社が扱う製品は、基本的な医療機器である輸血・輸液器具類をはじめとし、人工腎臓、人工心肺、血液浄化器、人工心臓弁、血管カテーテル類、人工関節、創傷被覆材等の機器・材料ならびに在宅医療用としての腹膜透析関連製品や在宅酸素療法機器等多岐にわたっています。また、先端医療・再生医療に対する研究も急速に進歩しており、これらを利用した人工臓器・材料の開発にも取り組んでいます。

□輸血・輸液器具類：輸血・輸液器具類／注射器具類

□血管系カテーテル製品：血管造影用カテーテル／冠動脈治療用カテーテル／血管内治療用カテーテル／サーモダイリューション用カテーテル／CV用カテーテル／不整脈治療用カテーテル／その他血管内用カテーテル

□手術・患者ケア製品：手術用手袋／不織布製品／バッグ類／ストマー関連製品

□体内植込み材料関連製品：人工血管／ステントグラフト／人工硬膜／止血接着剤／非血管系ステント／脳血管クリップ／組織代用布人工繊維布／自動吻合器／微繊維コラーゲン／人工食道／ステント

□血液透析関連：人工腎臓装置／ダイアライザー／血液回路

□整形インプラント材料関連製品：人工関節用材料（股、膝、肩、肘、手等）／骨接合材料（スクリュー、プレート、ピン、髄内釘）／脊椎固定用材料／人工骨／副木／骨セメント／人工靭帯

□開心術関連製品：人工心肺装置／人工肺／IABP／心肺回路／人工心臓弁／体外循環カニューレ

□創傷被覆材関連製品：皮膚欠損用グラフト／各種ドレッシング

□血漿交換関連製品：血液浄化器／膜型血漿分離器／血漿成分吸着器／血液濾過器

□在宅医療関連製品：在宅腹膜透析関連製品／在宅経腸経管栄養関連製品／在宅酸素療法機器／在宅ペインコントロール関連製品

□カテーテル汎用品：消化器用カテーテル／泌尿器用カテーテル／ドレーンチューブ類／呼吸器用カテーテル／脳室ドレナージ

□再生医療関連製品：心筋シート

「MTJAPAN 医療機器統計資料　2017年度版」より

索　引

マ

メ

モ

ヤ

ユ

ヨ

ラ

リ

ル

ロ

「プラスチック製医療機器入門」執筆者（○印は編集委員を兼ねる）
（五十音順　敬称略）

○石川　健次（テルモ株式会社）
○石黒　克典（元 株式会社ジェイ・エム・エス）
○伊藤　嘉唯（一般社団法人 日本医療機器テクノロジー協会）
○井上　和幸（テルモ・クリニカルサプライ株式会社）
○浦冨　恵輔（株式会社ジェイ・エム・エス）
片倉　健男（元 テルモ株式会社）
金井　俊龍（ジョンソン・エンド・ジョンソン株式会社）
桑原　隆史（元 メルク株式会社）
小堂　　学（ニプロ株式会社）
鈴木　智洋（元 バクスター株式会社）
○尊田　京子（元 バクスター株式会社）
田中　志穂（日本メドトロニック株式会社）
○津藤　　保（泉工医科工業株式会社）
○中橋　敬輔（テルモ株式会社）
西澤　英彦（株式会社八光）
○水柿　知巳（ニプロ株式会社）
安田　典子（東レ・メディカル株式会社）

平成６年11月25日　初　版発行
平成30年２月20日　第10版発行

編　集　一般社団法人 日本医療機器テクノロジー協会

プラスチック製医療機器入門
―― 材料・種類・用途から滅菌・薬機法まで ――

定　価：本体1,748円（税別）

発　行　株式会社　三　光　出　版　社
〒223-0064　横浜市港北区下田町４－１－８－102
電　話　045-564-1511　FAX　045-564-1520
郵便振替口座　00190－６－163503
http://www.bekkoame.ne.jp/ha/sanko
E-mail:sanko@ha.bekkoame.ne.jp

印刷所　株式会社　信英堂　　　製本　有限会社　若葉製本所

資　料　編

（広　　告）

広告掲載会社一覧

スペース	社名	スペース	社名
表2	ポリプラスチックス	9	トミー機械工業
表3	帝人	10	マース精機
表4	住友重機械モダン	11	川澄化学工業
		12	コーガアイソトープ
表2対向	旭化成	13	アーブテクノ
序文対向	聖製作所	14	住友ベークライト
		15	ホーライ
1（広告第1頁） 旭・デュポン フラッシュスパン プロダクツ		16	三愛エンジニアリング
2	ニプロ	17	八光
3	二葉産業	18	三葉製作所
4	テルモ	29	カワタ
5	東洋機械金属	20	富士ケミカル
6	PSジャパン	21	曙金網産業
7	田辺プラスチックス機械	22	三光出版社
8	日本食品分析センター	23	三光出版社
		24（表3対向）	精電舎電子工業

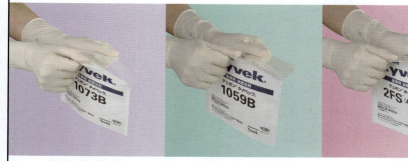

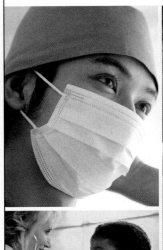

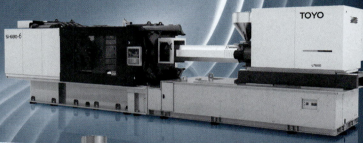

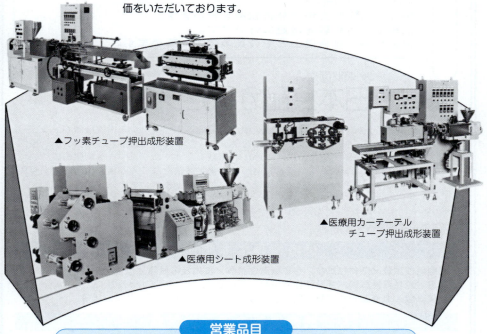

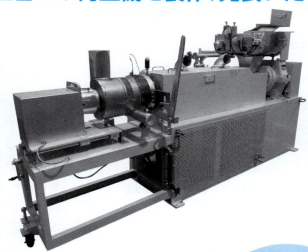

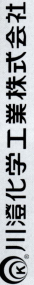

プラスチック製品の生産から再生、廃棄まで…

粉砕機の
ホーライがお役に立ちます。

HORAI

Pシリーズ粉砕機

Vシリーズ粉砕機

Zシリーズ粉砕機

Uシリーズ粉砕機

金属検出選別装置（メタレーダー）

材料自動搬送・混合装置

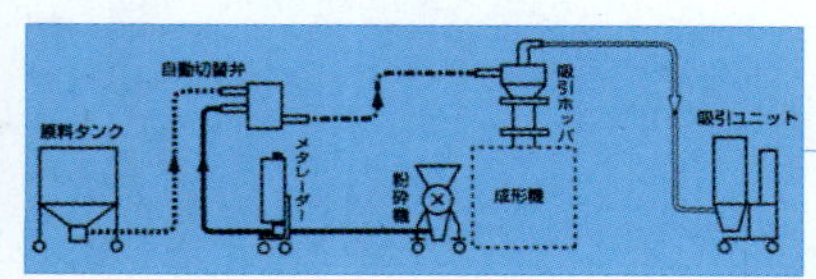

射出・ブロー成形ライン ▲

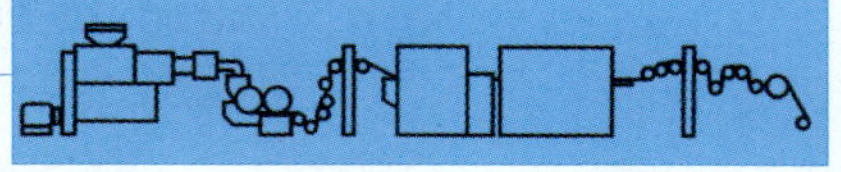

▼ フィルム・シート成形ライン

BOシリーズ粉砕機

PIシリーズ粉砕機

二段式粉砕機

シートペレタイザー

▼ 廃プラスチック・リサイクル

EH, KSシリーズ破砕機

厚み測定機

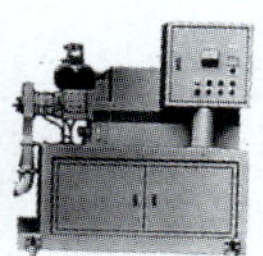
フィルム造粒機

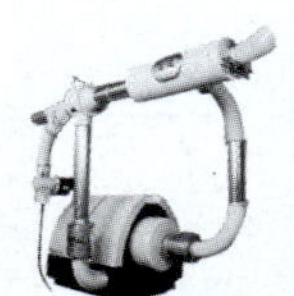
マルチエアー空送システム

油圧押切り式切断機

粉砕・洗浄・脱水装置

株式会社 ホーライ

大阪営業事業所
〒577-0065 東大阪市高井田中 2-1-1
TEL.（06）6618-6222 FAX.（06）6618-6224

東京営業事業所
〒110-0015 東京都台東区東上野5-1-8（上野富士ビル7F）
TEL.（03）3843-6161 FAX.（03）3841-0714

名古屋営業事業所
〒456-0053 名古屋市熱田区一番1-14-27
TEL.（052）681-1746 FAX.（052）681-4584

http://www.horai.co.jp

		射出成形・ブロー成形				フィルム・シート成形			リサイクル
							真空・圧空成形		
		ランナー	成形良品	ブローバリ	樹脂ブロック	原反不良	トリムエッジ	コンバーティングロス	廃プラスチック
粉砕	Pシリーズ粉砕機	●							
	Vシリーズ粉砕機	●	●	●					
	Uシリーズ粉砕機	●	●	●	●				●
	Zシリーズ粉砕機	●	●	●					●
	BOシリーズ粉砕機					●	●	●	
	PIシリーズ粉砕機					●	●	●	
	シートペレタイザー						●		
破砕	EHシリーズ粉砕機				●				●
	KSシリーズ粉砕機				●	●			●
周辺機器	材料自動搬送・混合装置	●	●	●		●	●	●	
	マルチエアー空送システム	●	●	●			●	●	●
	フィルム造粒機					●	●		
	油圧押切り式切断機				●	●			●

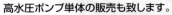

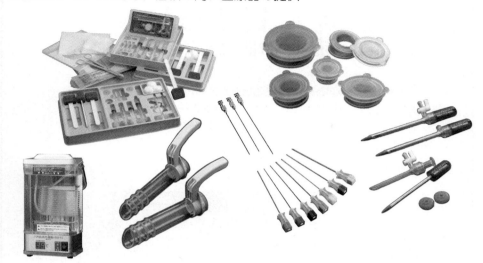

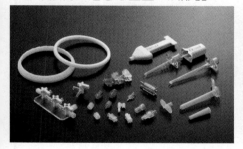

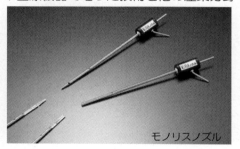

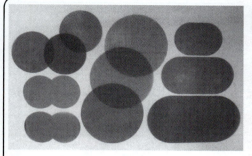

精電舎電子工業

http://www.sedeco.co.jp

「プラスチックの溶着溶断装置と応用技術」を総合的に提供できるメーカーです。
樹脂溶着工法のほぼ全てを網羅する製品ラインナップから、お客様の御要望に
最も適した機器を選定致します。自動機の設計・製造も承ります。

主要な技術・製品

【ＵＰＬシリーズ･･･ナノ秒パルスCO2レーザ発振機】

電源一体式

- 微細な加工をするには局所的な入熱が必要となります。
  パルス幅をナノ秒まで短くしたことにより、 レーザ照射部のＨＡＺ
  （熱影響域）を最小限に抑えた非熱的な加工を実現
- 波長は10.6μmなので、水分や樹脂に対しても高い吸収率で効率的な加工を実現
- 発振器、駆動回路、冷却機構を一体化にしたコンパクト設計

●選べるパルス波形

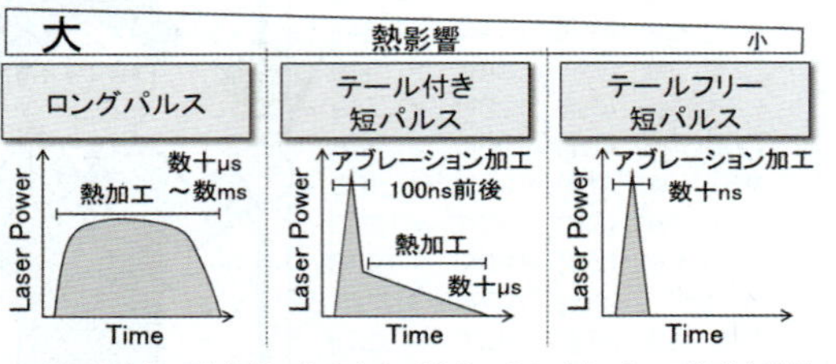

発振器内部の混合ガス比率を変更することによりパルス波形を調整。
ご要望に合わせた最適なパルス波形を選択可能

●チューブへの穴あけ比較

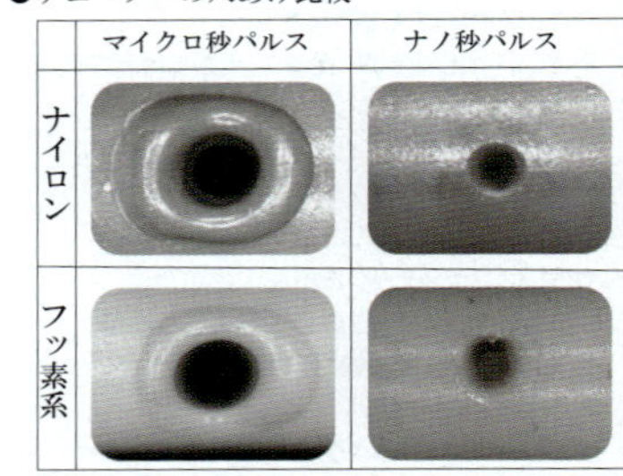

	マイクロ秒パルス	ナノ秒パルス
ナイロン		
フッ素系		

※ナノ秒パルス波形：テールフリー
加工部周辺のバリや盛り上がりが少なく、
微細できれいな加工が可能

【ＭＳ－Ｂシリーズ･･･バルーンカテーテル溶着機】

- 波長の異なる２種類のレーザを同時に照射することで、ワーク表面と内部を
  同時に発熱させ溶着することができます。
- 詳細な溶着条件設定が可能で、溶着全域で滑らかかつバリの無い溶着を実現
- 高機能かつ低価格、豊富な追加オプションをご用意。特注対応も承ります。

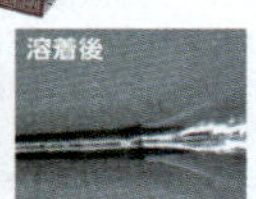

●発熱位置の違い

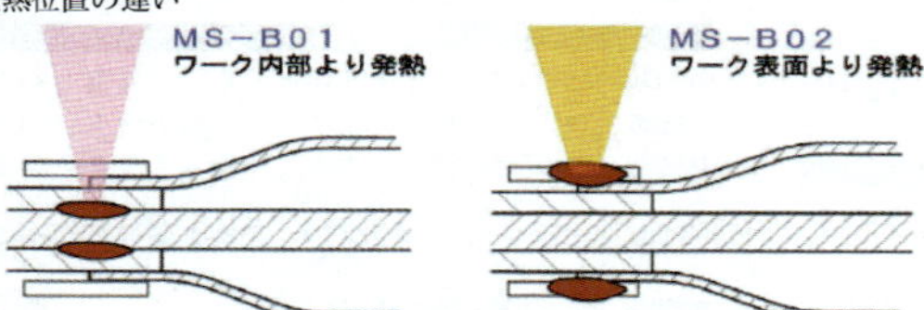

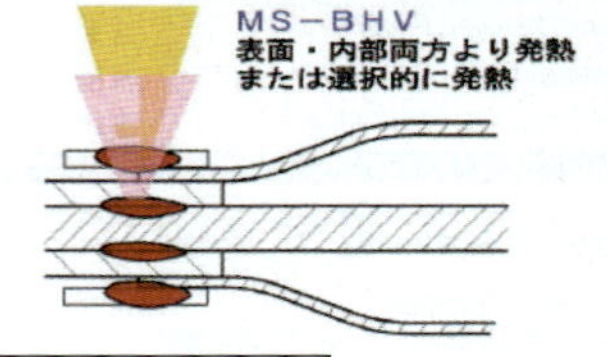

様々な素材・形状でのサンプル加工を実施しております。お気軽にお問合せ下さい。

お問い合わせは
精電舎電子工業株式会社
東京都荒川区西日暮里2丁目2番17号　〒116-0013　Tel:03-3802-5101（大代）　Fax:03-3807-6259　E-mail:tokyo@sedeco.co.jp